Inhaltsverzeichnis

Wiederholung

1 Was passt zusammen? Verbinde.

Würfel	Kugel	Zylinder	Quader

  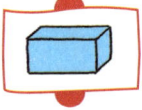 

2 Male an: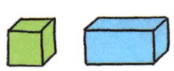

a)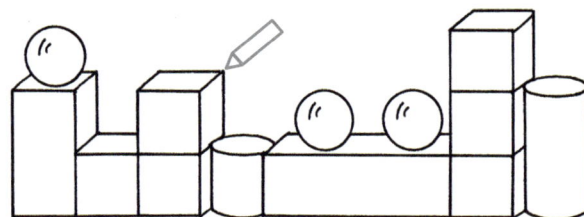

b)

3 Zähle die Ecken, Kanten und Flächen der Körper.

Quader	Ecken	Kanten	Flächen
Würfel	Ecken	Kanten	Flächen
Kugel	Ecken	Kanten	Fläche
Zylinder	Ecken	Kanten	Flächen

> Das ist eine Ecke. An der Ecke treffen 3 Kanten aufeinander.

4 Wer bin ich? Verbinde.

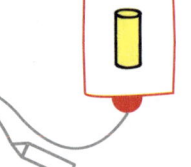 

Mich kann man rollen.		Ich habe 2 Kanten.
Ich habe 12 Kanten.		Ich habe 3 Flächen.
Ich habe keine Ecken und keine Kanten.		Meine Flächen sind Rechtecke.

Die Begriffe „Ecke", „Kante", „Fläche" und Körpereigenschaften wiederholen. Körperrätsel lösen.

Ein Quader hat ... Ecken.
Ein Quader hat ... Kanten.
Ein Quader hat ... Flächen.

Wiederholung

1 Baue nach und bestimme die Anzahl der Würfel.

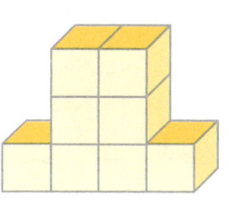 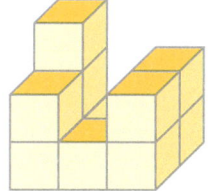  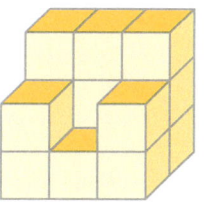

_____ Würfel _____ Würfel _____ Würfel _____ Würfel

2 Schreibe die Baupläne. Bestimme die Anzahl der Würfel.

 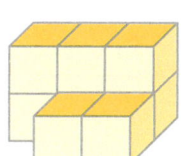  

 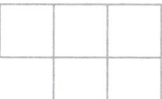 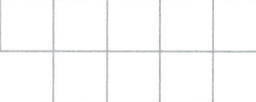 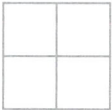

_____ Würfel _____ Würfel _____ Würfel _____ Würfel

3 Welche Ansicht siehst du?

  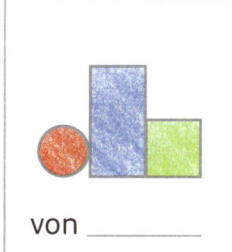 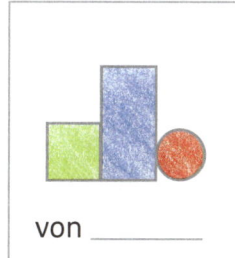 

von _links_   von _____   von _____   von _____

4 Zeichne, was du von vorn, hinten, rechts und links siehst.

 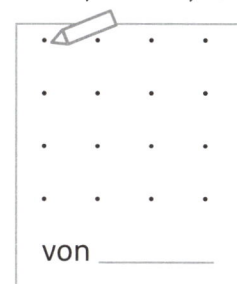 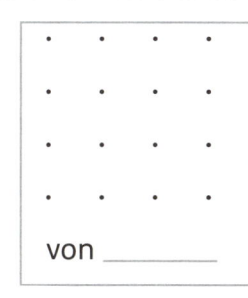 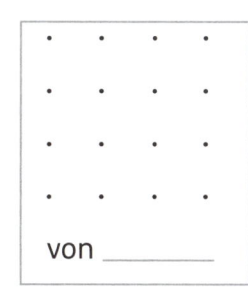 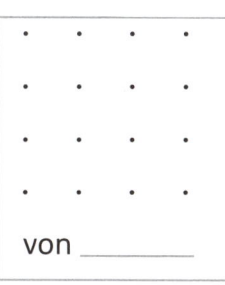

von _____   von _____   von _____   von _____

3

Wiederholung

1 a) Spure die Seiten der Quadrate blau nach.

Spure die Seiten der Dreiecke grün nach.

b) Markiere die Ecken bei allen Dreiecken rot.

Markiere die Ecken bei allen Vierecken orange.

c) Male die Flächen der Kreise gelb aus.

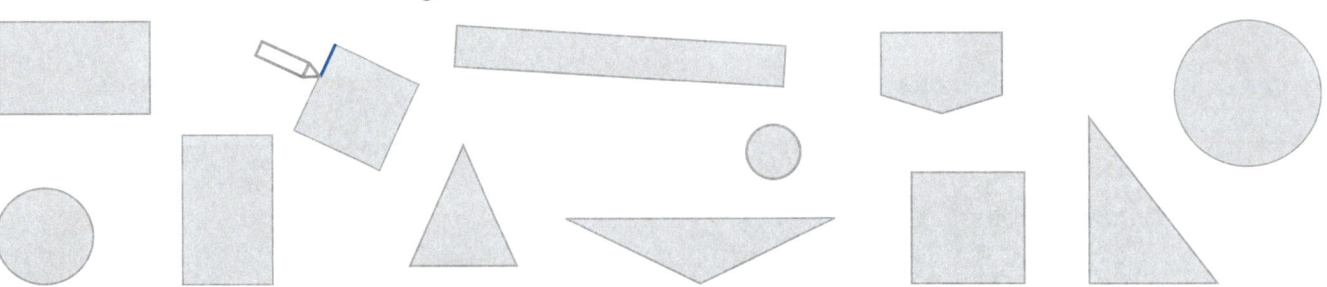

2 a) Wer bin ich? Verbinde.

Meine gegenüberliegenden Seiten sind gleich lang.

Ich habe keine Ecken.

Ich habe 3 Seiten.

Ich habe 4 Seiten.

b) Notiere zu jeder Fläche eine weitere Aussage. Dein Partner löst das Rätsel.

3 Setze fort. Benutze ein Lineal.

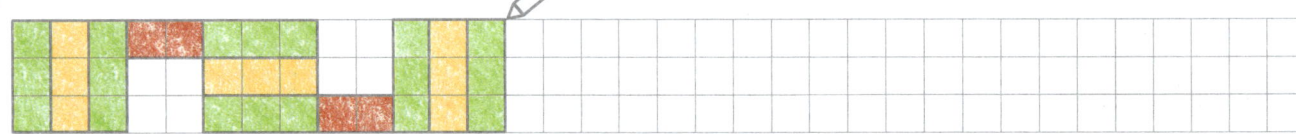

4 Zähle die Ecken und die Seiten. Spanne nach.

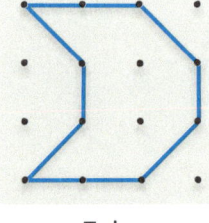
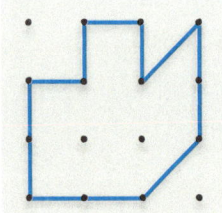
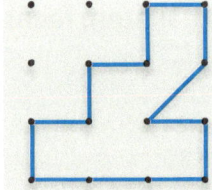
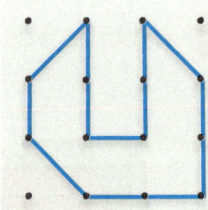

_____ Ecken   _____ Ecken   _____ Ecken   _____ Ecken

_____ Seiten   _____ Seiten   _____ Seiten   _____ Seiten

Was fällt dir auf? _____

Ecken, Seiten und Flächen kennzeichnen.
Flächenrätsel lösen. Muster fortsetzen.
Figuren am Geobrett nachspannen.

Alle Quadrate haben … Seiten.
Alle Quadrate haben … Ecken.
Die Figur hat … Ecken und … Seiten.

Wiederholung

1 Welches Spiegelbild passt? Kreuze an und kontrolliere mit einem Spiegel.

  ☐  ☐  ☐  ☐

 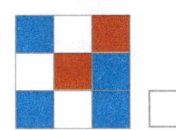 ☐  ☐  ☐ 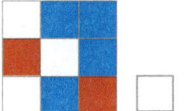 ☐

2 Zeichne das Spiegelbild und kontrolliere mit einem Spiegel.

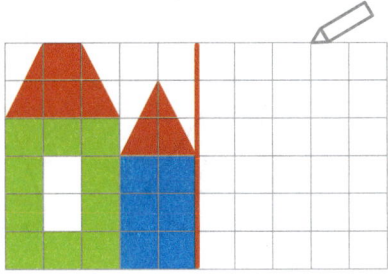 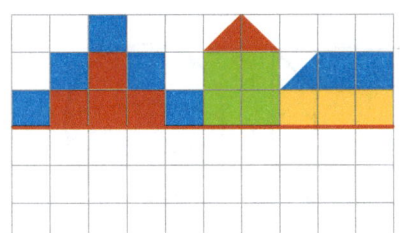 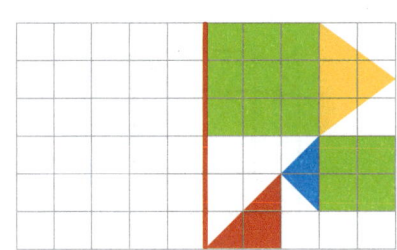

3 Zeichne die Spiegelachsen ein und kontrolliere mit einem Spiegel.

4 Richtig ☑ oder falsch ☐ ?

OTTO | OTTO ☐   O̶P̶A̶ ☐

HAUS | HAUS ☐   I̶C̶H̶ ☐

Passende Spiegelbilder erkennen.
Spiegelbilder zeichnen und mit einem Spiegel prüfen.
Warum hat der Rettungsring mehrere Spiegelachsen?

Der Rettungsring hat ... Spiegelachsen.
Das Spiegelbild ist falsch, weil ...

5

Körper

1 Entdeckt ihr diese Körper im Bild? Zeige auf einen Körper. Dein Partner benennt ihn.

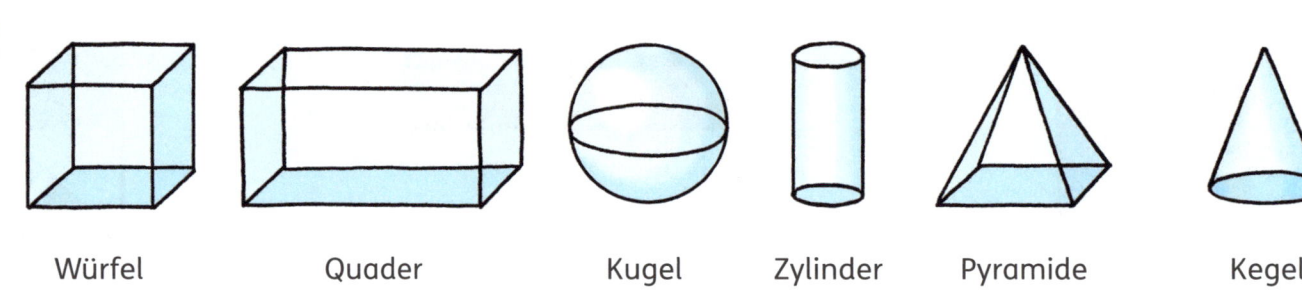

| Würfel | Quader | Kugel | Zylinder | Pyramide | Kegel |

2 a) Baut ein Kantenmodell einer Pyramide aus Knete und Holzspießen.

b) Könnt ihr eine Pyramide aus gleich langen Holzspießen bauen? Begründet.

_____

c) Baut ein Kantenmodell eines Würfels nach dieser Anleitung aus Tonpapier.

Ecken

| falten | schneiden | schieben | kleben | falten |

Kanten
4 cm

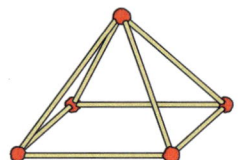 Wählt eine Länge zwischen 10 cm und 15 cm.

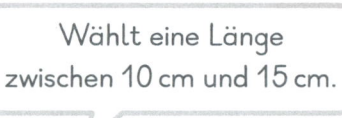

d) Baut ebenso ein Kantenmodell eines Quaders aus Tonpapier.

e) Könnt ihr ein Kantenmodell eines Kegels erstellen? Begründet eure Antwort.

_____

_____

Pyramide und Kegel kennenlernen.
Kantenmodelle von Pyramide, Würfel
und Quader erstellen.

Für das Kantenmodell eines Würfels
brauche ich nur gleichlange Streifen.

Körper

○ **1** Bringe kleine Gegenstände in der Form der geometrischen Körper für eine Ausstellung mit.

◑ **2** Zähle die Ecken, Kanten und Flächen der Körper.

Würfel	8 Ecken	Kanten	Flächen
Quader	Ecken	Kanten	Flächen
Pyramide	Ecken	Kanten	Flächen
Kugel	Ecken	Kanten	Fläche
Zylinder	Ecken	Kanten	Flächen
Kegel	Ecke	Kante	Flächen

Das ist eine Kante.

◑ **3** a) Wer bin ich? Verbinde.

Ich habe eine quadratische Grundfläche.

Ich habe eine gewölbte Fläche.

Ich habe eine kreisförmige Grundfläche.

Ich habe 6 gleich große Flächen.

Ich habe 5 Flächen.

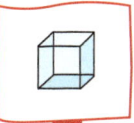

Ich habe 8 Kanten.

● b) Notiere zu jedem Körper eine weitere Aussage. Dein Partner löst das Rätsel.

Körper
Körpernetze

Ich schneide den Würfel an den Kanten auf.

So entsteht das passende Körpernetz.

! Ein **Körpernetz** ist die ebene zusammenhängende Fläche, aus der ein Körper gefaltet wird.

1 a) Zeichne die Körpernetze auf Karopapier. Falte im Kopf. Benenne die Körper.

Überprüfe: Schneide die Körpernetze aus und falte sie.

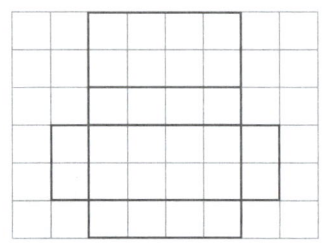

_____

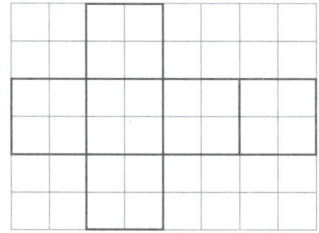

_____

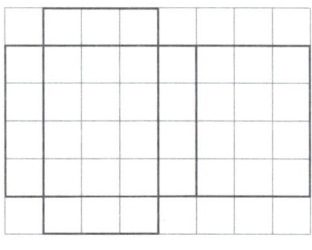

_____

b) Falte im Kopf. Benenne die Körper.

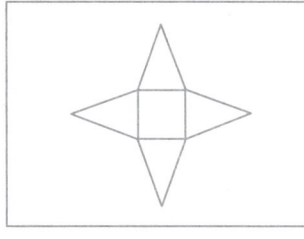

_____

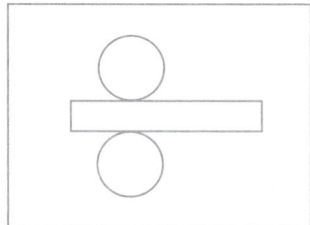

_____

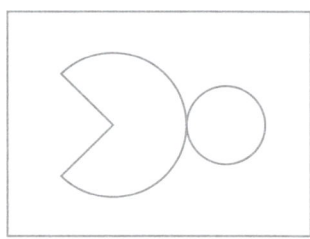

_____

2 a) Welcher Körper kann aus dieser Fläche entstehen?

Zeichne, schneide und falte.

b) Welchen Namen möchtest du dem Körper geben?

_____

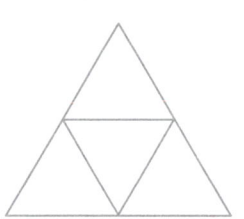

c) Forsche im Internet nach „platonischen Körpern".

Dort findest du einen Namen. _____

Aus Körpernetzen verschiedene Körper durch Falten erstellen.
Die abgebildeten Körpernetze Körpern zuordnen.
MK Informationsrecherche **2**

Der Zylinder hat Kreise als Grundfläche und Deckfläche. Das Rechteck wird gebogen.

Körper

Würfelnetze

das Würfelnetz

Ich rolle den Würfel ab und umfahre jede Fläche einmal. So entsteht mein Würfelnetz.

Ich klebe 6 Quadrate zu einem Würfelnetz aneinander. Daraus entsteht mein Würfel.

---

1 Stelle ein Würfelnetz wie Mini und eines wie Max her. Überprüfe durch Falten.

---

2 a) Ist es ein Würfelnetz? Richtig ☑ oder falsch ☐ ? Überprüfe durch Falten.

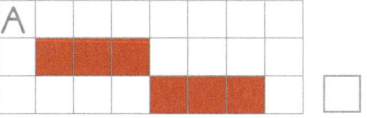
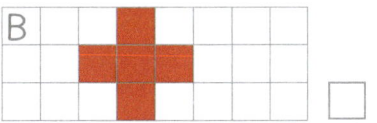
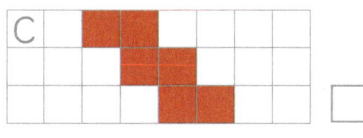

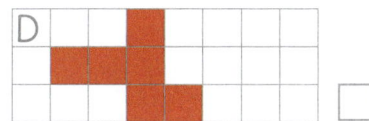
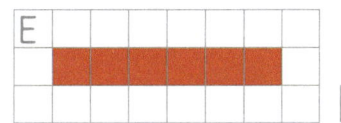
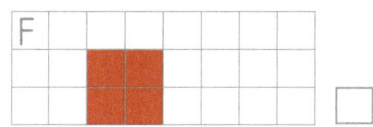

b) Begründe deine Entscheidung von F.

---

3 Wo kannst du Quadrate anfügen, damit ein Würfelnetz entsteht?

Finde verschiedene Lösungen und zeichne sie ein.

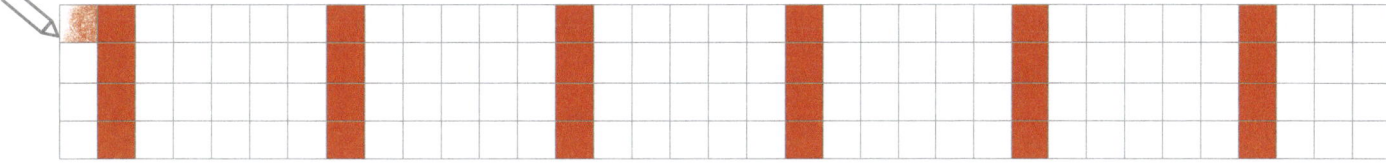

4

Ich habe ein neues Würfelnetz gefunden. Ich zeichne es auf.

Stelle Würfelnetze wie Max her.

Zeichne sie auf.

Finde viele verschiedene Würfelnetze.

Überprüfe durch Falten.

S. 9, Nr. 4

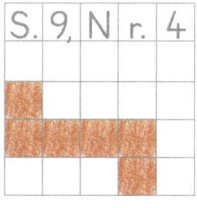

Würfelnetze überprüfen, ergänzen und systematisch vervollständigen.
Welche verschiedenen Würfelnetze hast du gefunden?

Das ist kein Würfelnetz, weil …
Das ist kein neues Würfelnetz, weil …

Körper

Würfelnetze

 1 Ist es ein Würfelnetz? Richtig ☑ oder falsch f ?

Überprüfe, damit du dir ganz sicher bist.

a) 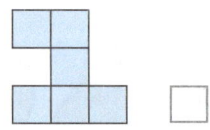 ☐

b) 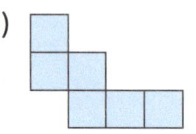 ☐

c) 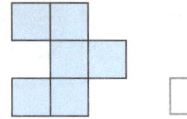 ☐

d) 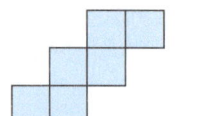 ☐

e) 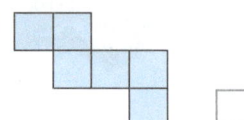 ☐

f) 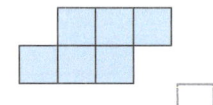 ☐

g) 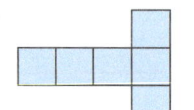 ☐

h) 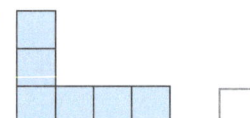 ☐

---

 2 Ergänze immer eine Fläche, so dass ein Würfelnetz entsteht.

a)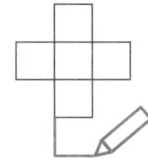

b)

c)

d)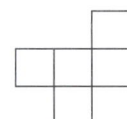

e)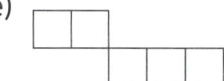

f)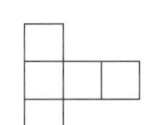

---

 3 Färbe gegenüberliegende Seiten im Würfelnetz mit der gleichen Farbe.

Überprüfe durch Falten.

a)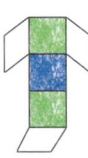

b)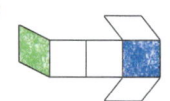

c)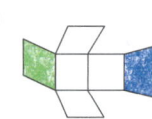

d)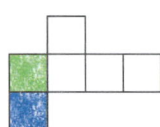

e)

f)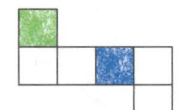

Würfelnetze überprüfen und ergänzen.
In Würfelnetzen orientieren.

Wenn ich ein Netz zu einem Würfel falten kann, ist es ein Würfelnetz.

Körper

Würfelnetze

1 Wo ist im Netz **v**orn, **h**inten, **l**inks, **r**echts, **o**ben, **u**nten?

☞ Falte im Kopf und beschrifte die freien Flächen.
Überprüfe durch Falten.

Da ist hinten.

a)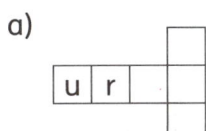

b)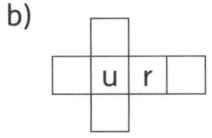

c)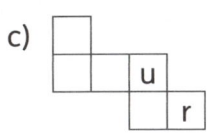

d)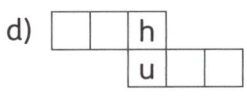

e)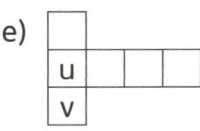

f)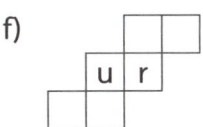

g)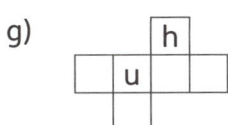

h)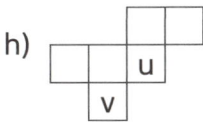

2 Verbinde jeden Würfel mit dem passenden Netz. Ein Netz bleibt übrig.

3 Markiere die ganze Würfelecke auf jeweils 3 Flächen.

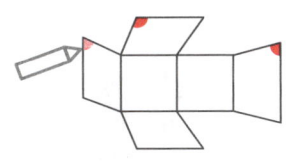
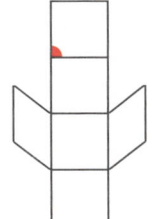
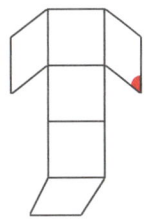
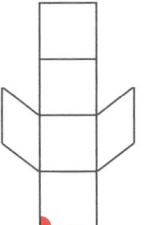

Würfelnetze untersuchen.

 Oben und unten dürfen im Würfelnetz nie aneinander grenzen, denn beim Würfel liegen sie gegenüber.

11

Körper
Würfelgebäude

der Bauplan
die Grundfläche

Ich zeichne zuerst die Grundfläche des Bauplans ein.

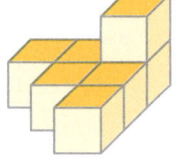

Dann trage ich im Bauplan ein, wie viele Würfel übereinander stehen.

1	1	2
	1	1
		1

1 Schreibe die Baupläne. Bestimme die Anzahl der Würfel.

a)

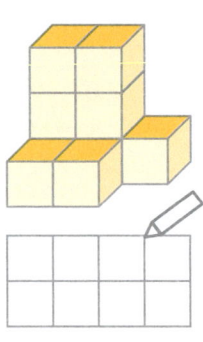

_____ Würfel

_____ Würfel

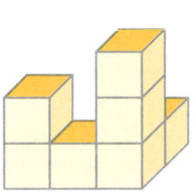

_____ Würfel

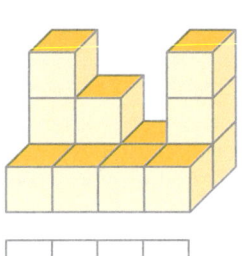

_____ Würfel

b)

_____ Würfel

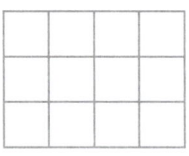

_____ Würfel

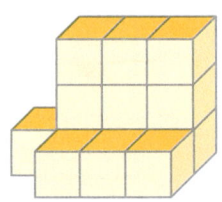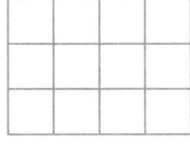

_____ Würfel

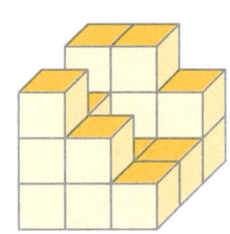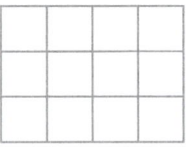

_____ Würfel

2 a) Setze die Baupläne fort. Bestimme die Anzahl der Würfel.

1		2	2									
		2	2									

Einen Würfel nennt man auch Kubus. Die Würfelanzahl heißt Kubikzahl.

b) Welche Körper entstehen? _____

Baupläne schreiben.
Anzahl der Würfel bestimmen.

Wenn ich die Grundfläche zeichne, zähle ich, wie viele Würfel neben- und hintereinander liegen.

Körper

Würfelgebäude

Meine Schachtel hat 2 Schichten und jede Schicht hat 15 Würfel.
2 · 15 = 30.
Also sind es 30 Würfel.

In dieser Schachtel fehlen noch 22 Würfel. Dann ist sie voll.

1 a) Wie viele Würfel sind in jedem Quader?

A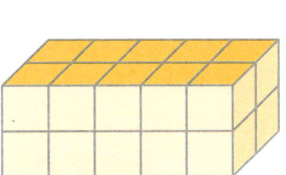

B

C

D

_____ Würfel   _____ Würfel   _____ Würfel   _____ Würfel

b) Notiere zu jedem Quader Multiplikationsaufgaben.

A _2_ · _5_ = _10_   B ___ · ___ = ___   C ___ · ___ = ___   D ___ · ___ = ___

   _10_ · _2_ = ___   ___ · ___ = ___   ___ · ___ = ___   ___ · ___ = ___

2 Wie viele Würfel musst du mindestens hinzufügen, damit ein Quader entsteht?

a)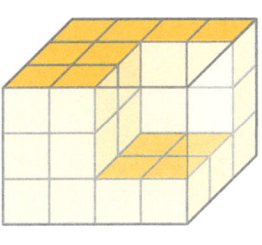

b)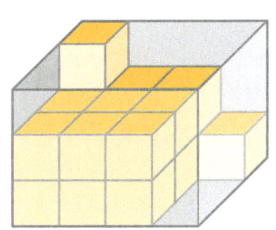

c)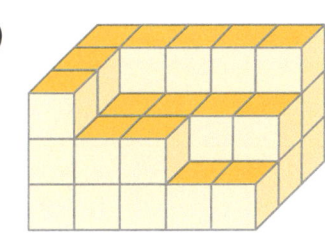

d)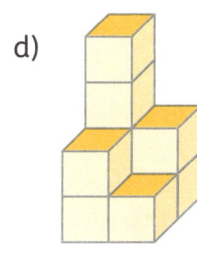

_____ Würfel   _____ Würfel   _____ Würfel   _____ Würfel

3 Zeichne Würfel im Punktraster.

a) einen Würfel   b) 2 Würfel   c) ein eigenes Würfelgebäude

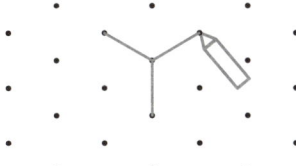

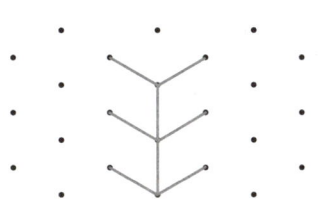

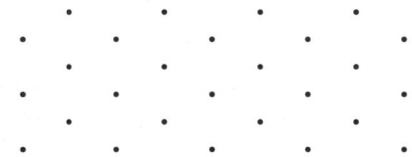

Quaderförmige Würfelgebäude berechnen.
Würfelgebäude zu vollen Quadern ergänzen.
Würfel im Punktraster zeichnen.

Ich notiere die beiden Faktoren für die Grundfläche. Dann multipliziere ich mit der Anzahl der Schichten.

Körper

1 Falte im Kopf und beschrifte die freien Flächen. Überprüfe durch Falten.

a)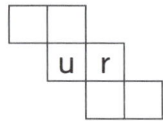

b)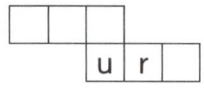

c)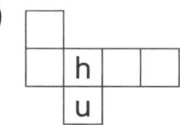

d)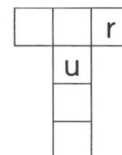

e)

f)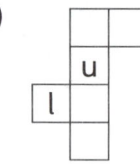

g)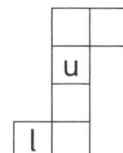

2 a) Wie viele Würfel sind in jedem Quader?

A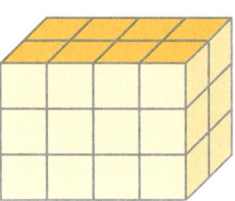

B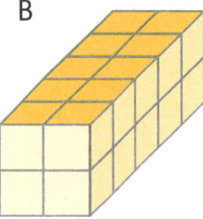

C

D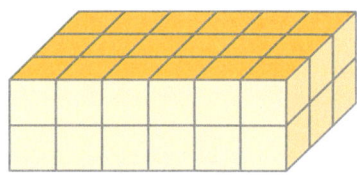

_____ Würfel   _____ Würfel   _____ Würfel   _____ Würfel

b) Notiere zu jedem Quader Multiplikationsaufgaben.

A ____ · ____ = ____   B ____ · ____ = ____   C ____ · ____ = ____   D ____ · ____ = ____

____ · ____ = ____   ____ · ____ = ____   ____ · ____ = ____   ____ · ____ = ____

3

Der Körper hat keine Ecken und Kanten. Er ist eine Kugel!

Körper ertasten:

Einen Körper unter dem Tuch verbergen und überreichen.

Der Partner ertastet ihn, beschreibt ihn genau und benennt ihn.

Gespielt mit: _____

In Würfelnetzen orientieren.
Quaderförmige Würfelgebäude berechnen.
Geometrische Körper ertasten und genau beschreiben.

1 Wie sehen Tom, Nina, Mini und Max das Würfelgebäude?
Ordne den Bauplänen die Namen zu.

a)

3	2	3	1
2	1	1	
1			

			1
	1	1	2
1	3	2	3

1		
3	1	
2	1	
3	2	1

1	2	3
	1	2
	1	3
		1

b)

3	3	2
2	1	1
3	2	1

2	1	1
3	1	2
3	2	3

3	2	3
2	1	3
1	1	2

1	2	3
1	1	2
2	3	3

2 a) Baue aus 11 Würfeln ein Gebäude. Betrachte es von vorn, hinten, rechts und links.
Zeichne die 4 passenden Baupläne.

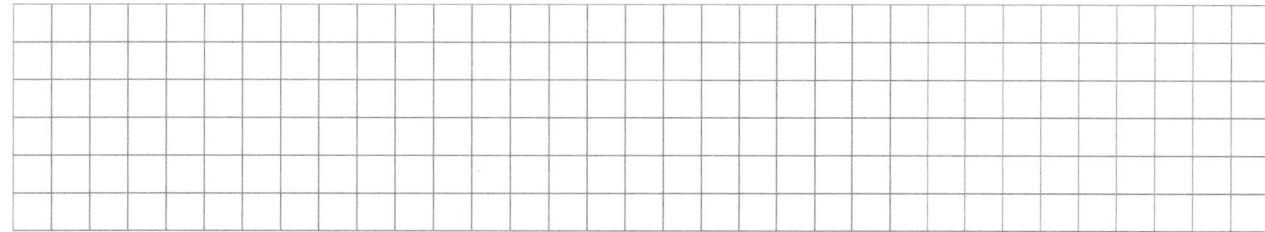

b) Finde jeweils 2 Würfelgebäude aus 10 Würfeln und aus 17 Würfeln.
Die Würfelgebäude sollen aus jeder Ansicht gleich aussehen. Zeichne die Baupläne.

Wegeplan

Die Schule liegt im Planquadrat A3.

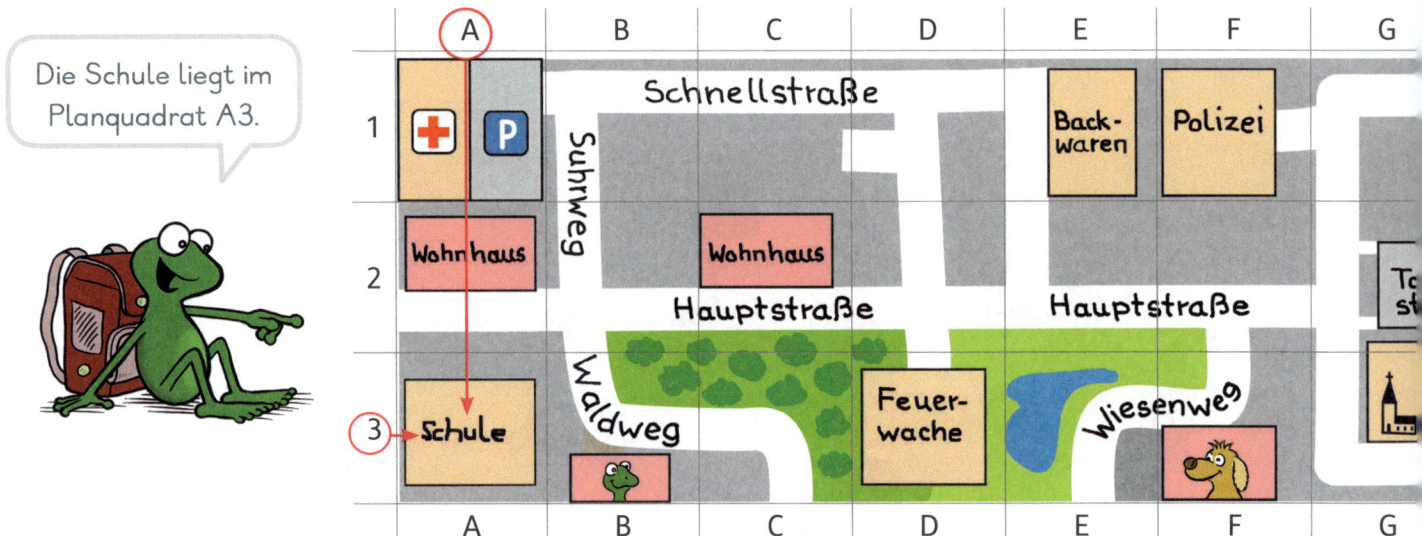

1 Was befindet sich in den Planquadraten?

A1	Krankenhaus, Parkplatz	J2	
C2		N2	
L2		D3	
G3		E1	

2 Benenne die Planquadrate.

F1

3 Zeichne in den Wegeplan ein.

C1: Kirche   E1: Zebrastreifen   B2: Ampeln   K/L3: Supermarkt

N3: Eisladen   D2: Ampeln   E/F2: Kiosk   I1/2: Fluss zum See

4 Gehe von Mini zu Max.

a) Was siehst du auf dem Weg links? Was siehst du rechts?

b) Was siehst du auf dem Rückweg links? Was siehst du rechts? Was fällt dir auf?

Wegeplan lesen. Planquadrate finden und benennen.
Symbole in Planquadrate einzeichnen.
MK Informationsauswertung 1

Das Planquadrat oben links heißt A1.
Die Schule befindet sich im
Planquadrat A3.

Wegeplan

der Wegeplan

das Planquadrat

Ich möchte vom Kino nach Hause gehen. Wo gehe ich lang?

1 Wo kommt Max an, wenn er folgende Wege geht?

a) Er startet in F3. Er geht geradeaus zur Hauptstraße und biegt dort rechts ab. An der Tankstelle geht er wieder rechts. Er folgt der Straße an der Kirche vorbei.
Dann biegt er links in die Wohnstraße ab. Der Straße folgt er so lange, bis er nach der 2. Kreuzung schließlich links abbiegt. Er befindet sich nun _____ .

b) Er startet auf dem Parkplatz am Bahnhof und biegt links in die Bahnhofstraße ab. An der nächsten Kreuzung biegt er rechts ab. Am Ende der Wohnstraße wendet er sich nach rechts und biegt gleich wieder rechts in die Seestraße ab. Max folgt der Straße, bis es nicht mehr weiter geht, und biegt dann nach links ab. Nach der Linkskurve biegt er sofort rechts ab.
Er befindet sich nun _____ .

2 Beschreibe, wie Max gehen muss, wenn er von seinem Zuhause ...

a) zur Schule gehen möchte:

_____

_____

b) zum Krankenhaus gehen möchte: _____

_____

_____

3 Beschreibt euch gegenseitig Wege auf dem Wegeplan.
Setzt die Spielfigur entsprechend.

bearbeitet mit: _____

Wegbeschreibungen nachvollziehen.
Wege beschreiben.
Wie geht Max? Begründe.

Ich lese die Beschreibung genau.
Ich markiere mir wichtige Wörter.

17

Geodreieck
Rechter Winkel

Das wird ein Faltwinkel.
Damit messe ich rechte Winkel.

der rechte Winkel
der Faltwinkel

Ich halte den Faltwinkel genau in die Ecke.

! Rechtecke haben 4 **rechte Winkel**.
Rechte Winkel kennzeichnet man mit einem Bogen und einem Punkt: ⌐•

1 Wo gibt es rechte Winkel im Klassenraum? Prüft mit dem Faltwinkel.

☞ Fenster _____

👥 _____

_____

_____

2 Überprüfe mit dem Faltwinkel. Markiere 7 weitere rechte Winkel.

☞

Mit dem Faltwinkel rechte Winkel in der Umwelt und in geometrischen Flächen erkennen.

Viele Ecken sehen so aus, als ob der Faltwinkel passt. Dort prüfe ich, ob es wirklich rechte Winkel sind.

Geodreieck
Gerade und Strecke

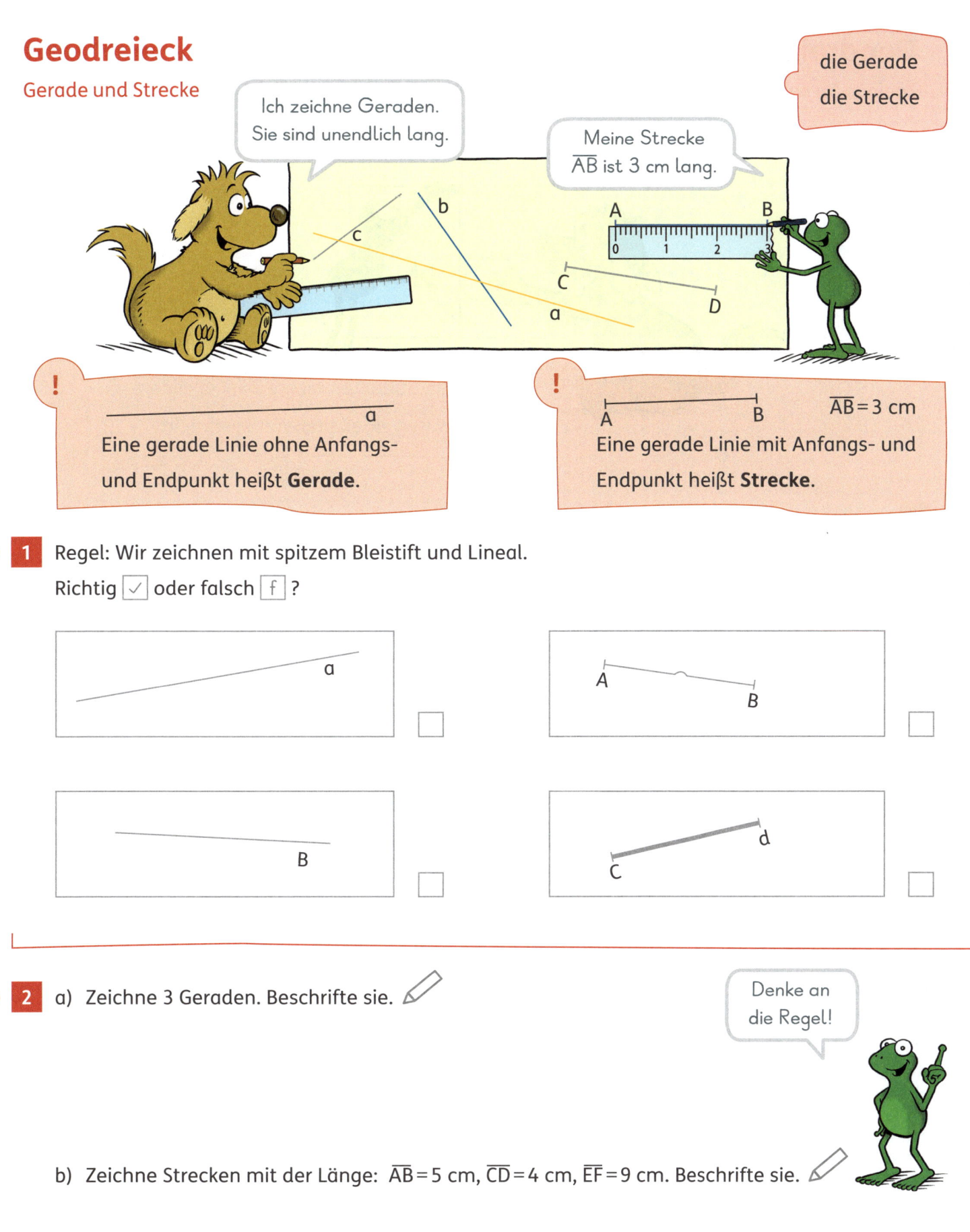

Ich zeichne Geraden. Sie sind unendlich lang.

Meine Strecke $\overline{AB}$ ist 3 cm lang.

die Gerade
die Strecke

! Eine gerade Linie ohne Anfangs- und Endpunkt heißt **Gerade**.

! Eine gerade Linie mit Anfangs- und Endpunkt heißt **Strecke**.

$\overline{AB} = 3$ cm

1 Regel: Wir zeichnen mit spitzem Bleistift und Lineal.
Richtig ☑ oder falsch f ?

2 a) Zeichne 3 Geraden. Beschrifte sie. ✎

Denke an die Regel!

b) Zeichne Strecken mit der Länge: $\overline{AB} = 5$ cm, $\overline{CD} = 4$ cm, $\overline{EF} = 9$ cm. Beschrifte sie. ✎

c) Zeichne weitere Geraden und Strecken in dein Heft. Beschrifte sie.

Geraden und Strecken unterscheiden, zeichnen und beschriften.

Ich halte das Lineal gut fest, damit es nicht verrutscht.

Geodreieck

Zueinander senkrechte Geraden

die Senkrechte

zueinander senkrecht

So entstehen rechte Winkel.

Deshalb ist diese Gerade eine Senkrechte zur Geraden g.

! Wenn 2 Geraden rechte Winkel bilden, verlaufen sie zueinander **senkrecht**.

1 a) Überprüfe mit dem Geodreieck. Markiere rechte Winkel.

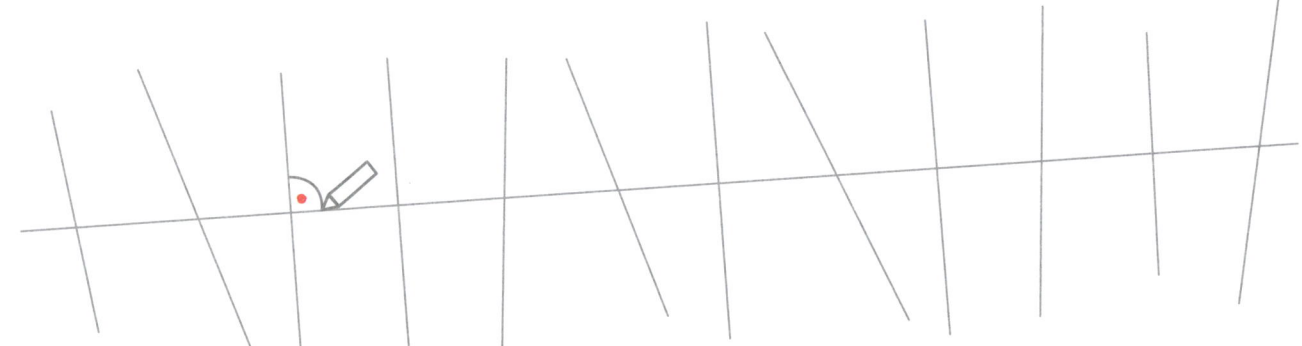

b) Zeichne eine Gerade auf weißes Papier. Zeichne dazu 5 senkrechte Geraden und 5 Geraden, die nicht senkrecht sind. Dein Partner überprüft.

2 Zeichne so mit dem Geodreieck Rechtecke.

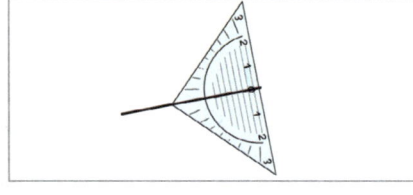 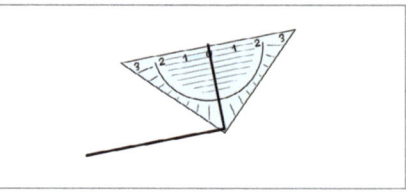 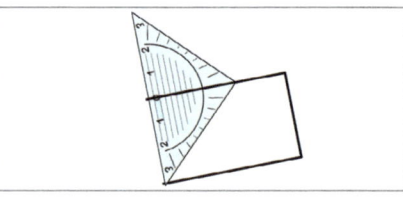

Zeichne auf weißes Papier Rechtecke mit den Seitenlängen:

a) 7 cm und 6 cm   b) 5 cm und 7 cm   c) 4 cm und 6 cm   d) 5 cm und 8 cm

3 Zeichne auf weißes Papier Quadrate mit den Seitenlängen:

a) 5 cm   b) 6 cm   c) 7 cm   d) 3 cm 5 mm

Mit dem Geodreieck zueinander senkrechte Geraden, Rechtecke und Quadrate zeichnen.

 Ich lege das Geodreieck mit der Mittellinie auf eine Seite des Rechtecks. Dann kann ich die nächste Seite zeichnen.

Geodreieck

Zueinander parallele Geraden

Die Gleise haben immer den gleichen Abstand. Sie sind zueinander parallel.

Beim Zeichnen nutze ich die Parallelen auf dem Geodreieck.

die Parallele

zueinander parallel

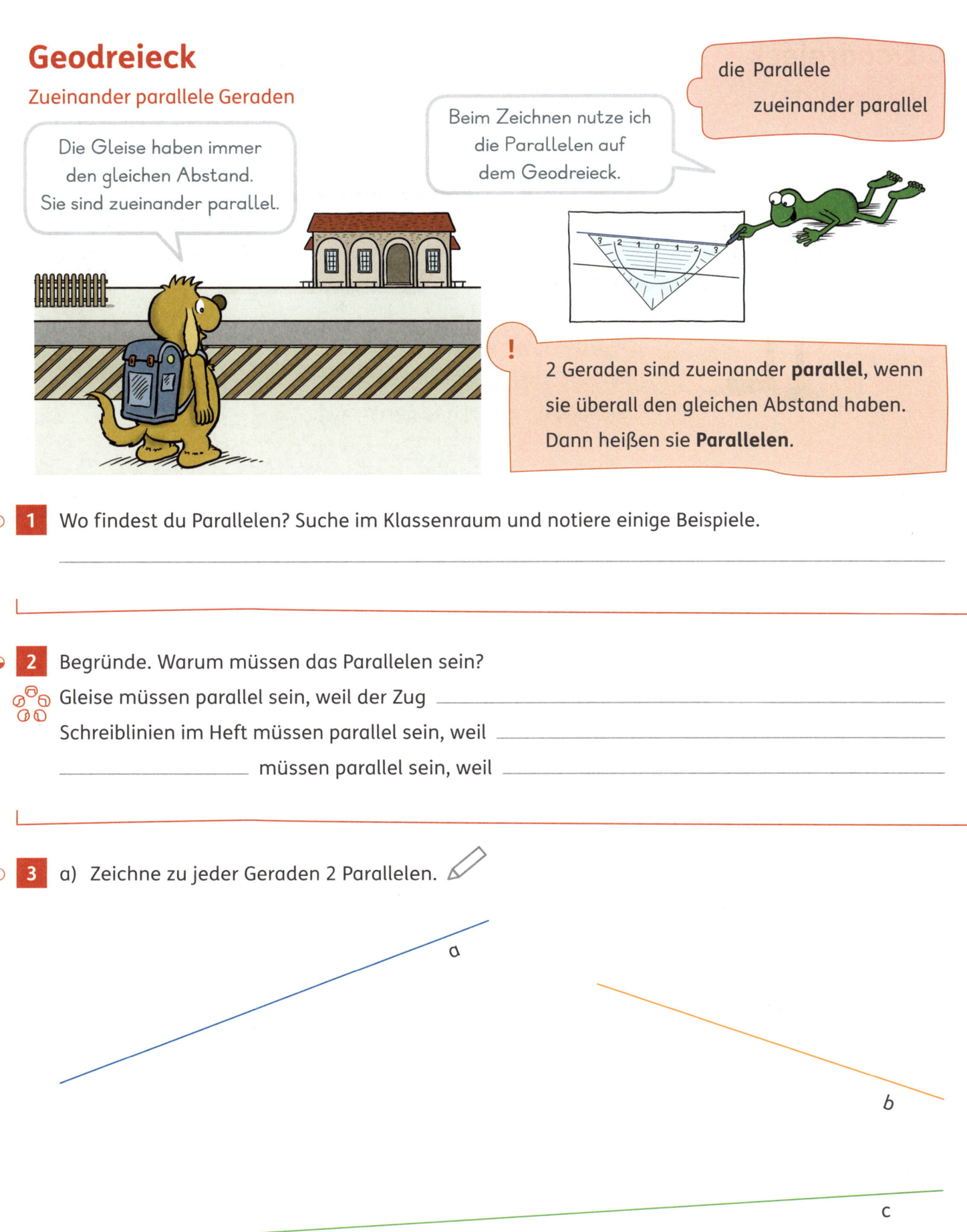

! 2 Geraden sind zueinander **parallel**, wenn sie überall den gleichen Abstand haben. Dann heißen sie **Parallelen**.

1 Wo findest du Parallelen? Suche im Klassenraum und notiere einige Beispiele.

_____

2 Begründe. Warum müssen das Parallelen sein?

Gleise müssen parallel sein, weil der Zug _____

Schreiblinien im Heft müssen parallel sein, weil _____

_____ müssen parallel sein, weil _____

3 a) Zeichne zu jeder Geraden 2 Parallelen.

a

b

c

b) Zeichne weitere zueinander parallele Geraden auf weißes Papier.

Mit dem Geodreieck zueinander parallele Geraden zeichnen.
Warum müssen Gleise zueinander parallel verlaufen?

Wenn ich Parallelen mit dem Geodreieck zeichnen möchte, nutze ich die parallelen Linien darauf.

21

Geodreieck
Parallelogramm

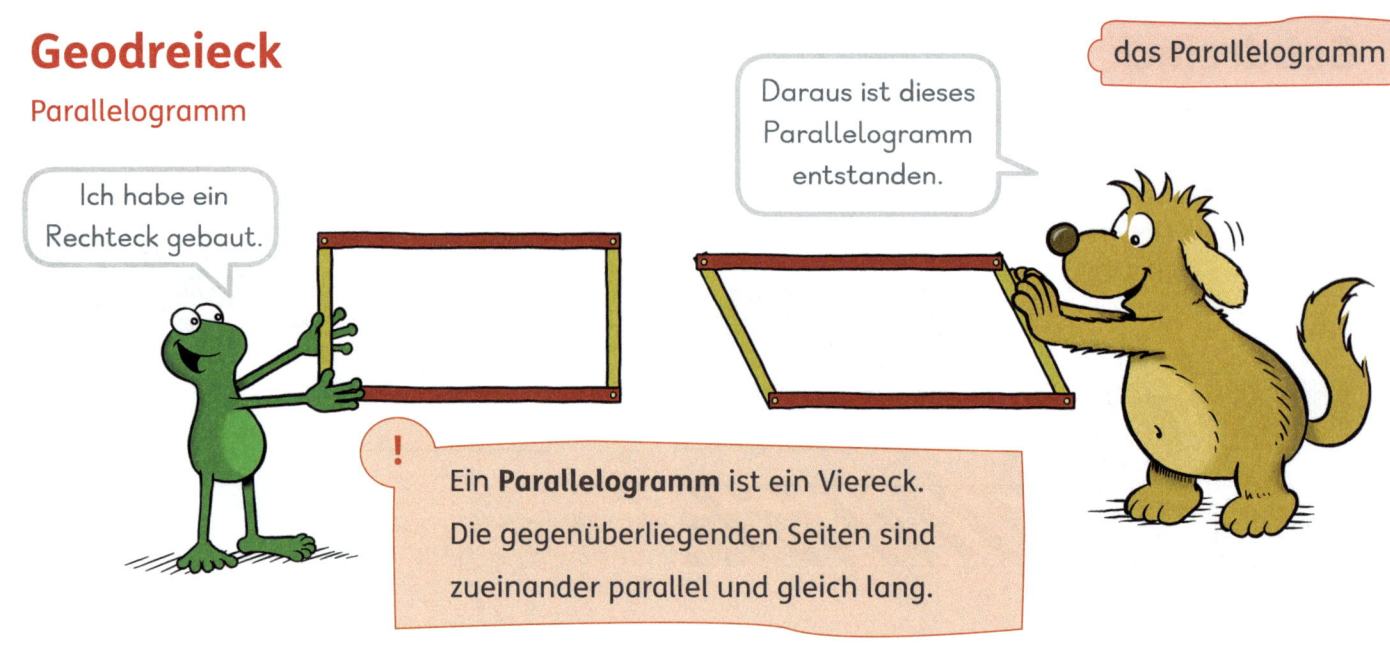

das Parallelogramm

Ich habe ein Rechteck gebaut.

Daraus ist dieses Parallelogramm entstanden.

> **!** Ein **Parallelogramm** ist ein Viereck.
> Die gegenüberliegenden Seiten sind
> zueinander parallel und gleich lang.

1 Baut aus 2 gleich langen und 2 gleich kurzen Pappstreifen ein Parallelogramm.

Steckt die Pappstreifen mit 4 Musterklammern zu einem Rechteck zusammen.

Verschiebt den oberen Streifen zu einer Seite.

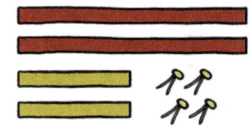

---

2 a) Spure zueinander parallele Seiten in der gleichen Farbe nach.

b) Markiere die rechten Winkel.

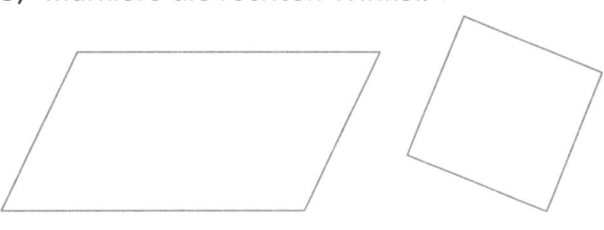

c) Sind Rechtecke und Quadrate auch Parallelogramme? Begründe.

---

3 Zeichne auf weißes Papier 3 Geraden in unterschiedlichen Farben, die sich schneiden.
Zeichne mit dem Geodreieck zu jeder Geraden viele Parallelen.

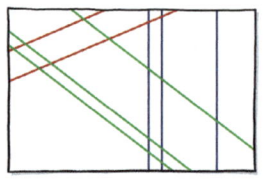

---

4 Ergänze zu Parallelogrammen.

Ich messe zuerst.

a)

b)

22

22

Parallelogramme kennenlernen und zeichnen.
Ein Kunstwerk mit vielen zueinander parallelen
Geraden gestalten.

Ich lege eine parallele Linie des
Geodreiecks auf die Gerade, zu der ich
eine Parallele zeichnen möchte.

Geodreieck

1 a) Zeichne 3 Geraden. Beschrifte sie.    b) Zeichne 3 Strecken. Beschrifte sie.

2 a) Zeichne zu der Geraden 2 Senkrechte.   b) Zeichne zu der Geraden 2 Parallelen.

a

b

3 a) Ergänze zu einem Quadrat.   b) Ergänze zu einem Rechteck.

4

Zeichne dazu eine …

Mit dem Geodreieck zeichnen:

Vorgeben, was gezeichnet werden soll, z.B. eine Strecke, eine Gerade, eine Senkrechte, eine Parallele, ein Dreieck, ein Quadrat, ein Rechteck, ein Parallelogramm …
Der Partner zeichnet mit dem Geodreieck.

Gespielt mit: _____

Flächeninhalt

Auslegen

1

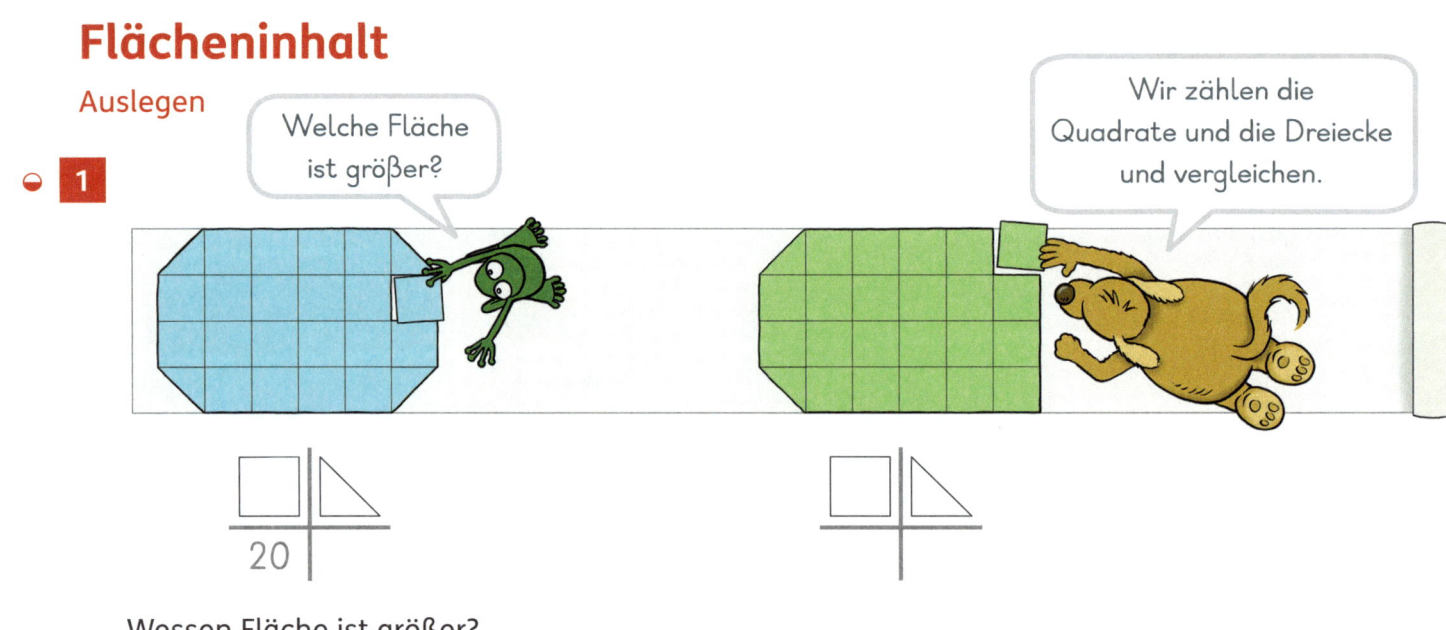

Welche Fläche ist größer?

Wir zählen die Quadrate und die Dreiecke und vergleichen.

20

Wessen Fläche ist größer? _____

2 a) Zeichne diese Quadrate und Dreiecke auf Karopapier und schneide sie aus.

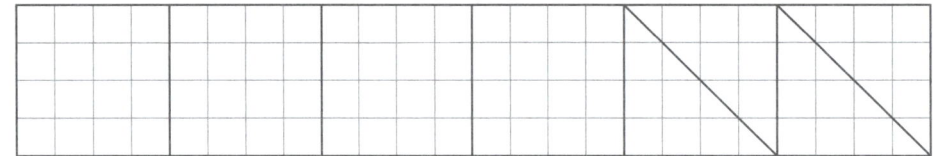

b) Lege die Flächen aus und ergänze die Tabellen. Vergleiche.

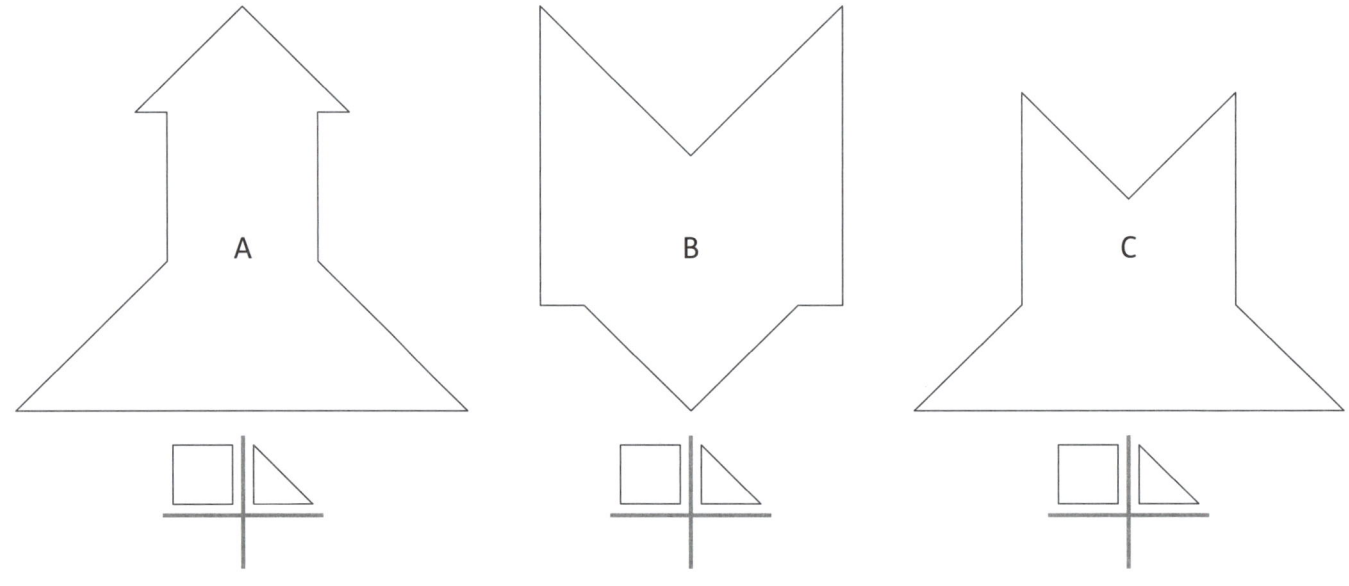

A

B

C

c) Welche Fläche ist am kleinsten? Begründe. _____

_____

3 Zeichne Flächen, die mit 3 Quadraten und 2 Dreiecken ausgelegt werden können.

Dein Partner überprüft durch Auslegen.

Die Größe von Flächen durch Auslegen mit einheitlichen Flächen vergleichen.

2 Dreiecke sind zusammen so groß wie ein Quadrat.
Ich lege Fläche A mit … aus.

Flächeninhalt

In das Rechteck passen
3 · 2 = 6 Kästchen.
Das ist der Flächeninhalt.

20 − 1 = 19
Diese Fläche ist also
19 Kästchen groß.

1 a) Welche Fläche ist am größten? Schätze zuerst: _____

A   B   D   E   C   F

b) Berechne die Anzahl der Kästchen. Diese Fläche ist am größten: _____

	Anzahl der Kästchen
A	4 · 4 =
B	
C	

	Anzahl der Kästchen
D	
E	
F	

2 Wie groß ist der Flächeninhalt in Kästchen? Berechne.

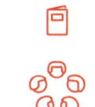

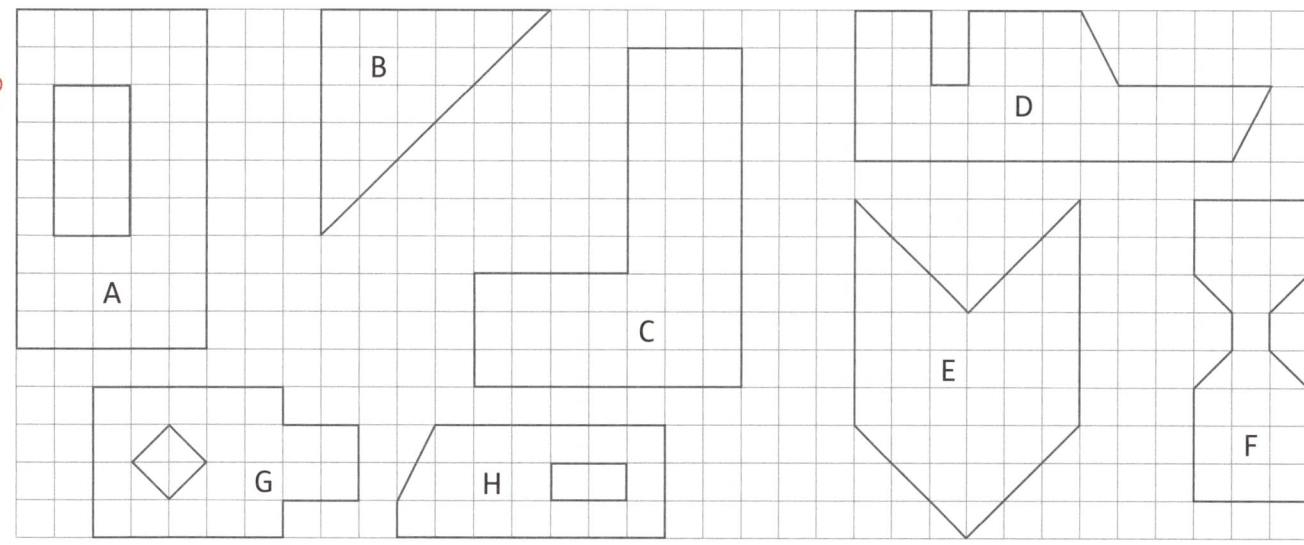

Die Größe von Flächen vergleichen.
Flächeninhalt (Anzahl der Kästchen) rechnerisch bestimmen.
❧ Wie berechnest du den Flächeninhalt?

Ich berechne den Flächeninhalt
mit der Aufgabe ...
Fläche A ist 16 Kästchen groß.

25

Flächeninhalt

Geobrett

Der Flächeninhalt beträgt 6 Quadrate.

... und hier sind es 5 Quadrate.

1 Wie groß ist der Flächeninhalt der Figuren?

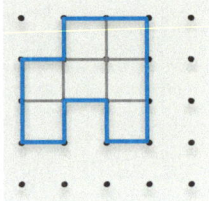
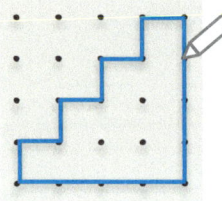
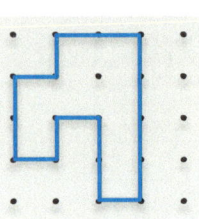
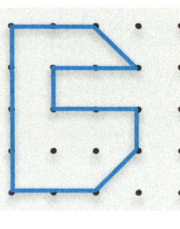

7    ___    ___    ___

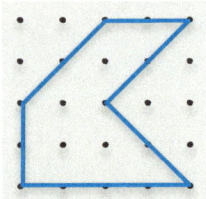
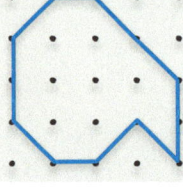
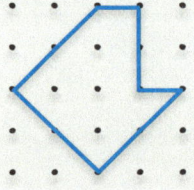
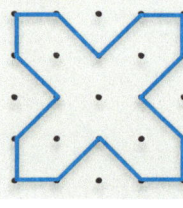

___   ___    ___   ___

2 a) Spanne verschiedene Figuren mit dem Flächeninhalt 6 Quadrate. Zeichne sie.

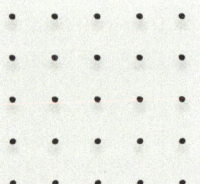
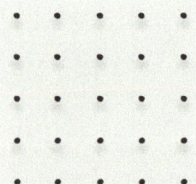
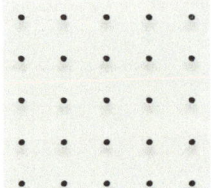
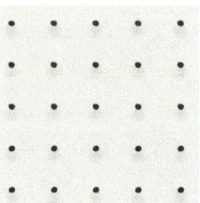

b) Spanne verschiedene Figuren mit dem Flächeninhalt 7 Quadrate.

Dein Partner überprüft den Flächeninhalt.

26

Flächeninhalt am Geobrett bestimmen.
Eigene Figuren mit vorgegebenem
Flächeninhalt spannen.

Ich bestimme die Summe der Quadrate
in der gespannten Figur.

Flächeninhalt

Genbrett

1 a) Wie groß ist der Flächeninhalt der Figuren?

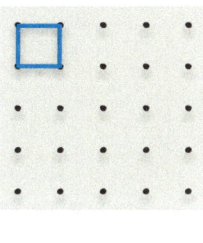 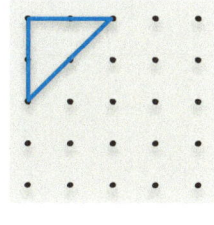 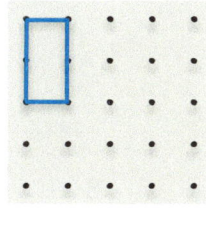 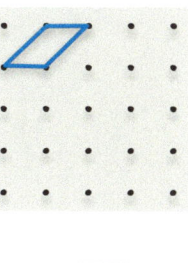

____ ⬜ ____ ⬜ ____ ⬜ ____ ⬜

b) Verdopple den Flächeninhalt der Figuren aus a).

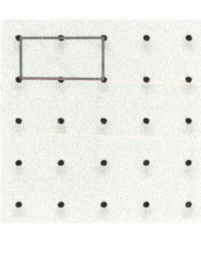  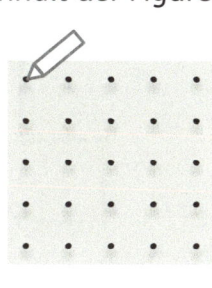 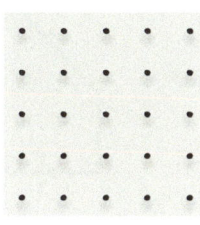 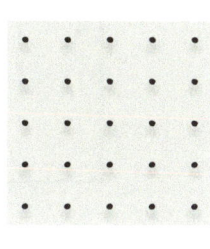

____ ⬜ ____ ⬜ ____ ⬜ ____ ⬜

c) Bei welchen Figuren aus a) reicht beim Verdoppeln das Umspannen an nur einem Nagel?

☐ Quadrat ☐ Dreieck ☐ Rechteck ☐ Parallelogramm

2 a) Spanne 4 verschiedene Figuren mit gleich großem Flächeninhalt. Zeichne sie. ✎

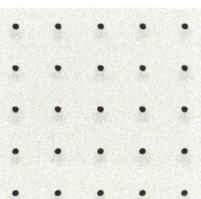 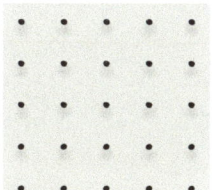 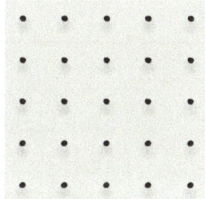 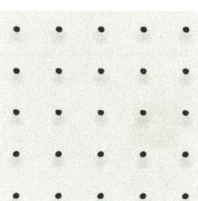

b) Dein Partner bestimmt den Flächeninhalt und kontrolliert.

____ ⬜ ____ ⬜ ____ ⬜ ____ ⬜

kontrolliert von: _____

Flächeninhalte verdoppeln und bestimmen.
Figuren mit gleich großem Flächeninhalt entwickeln.

23

Die Figur hat einen Flächeninhalt von
... Quadraten.

27

Flächeninhalt

1 Wie groß ist der Flächeninhalt in Kästchen? Berechne.

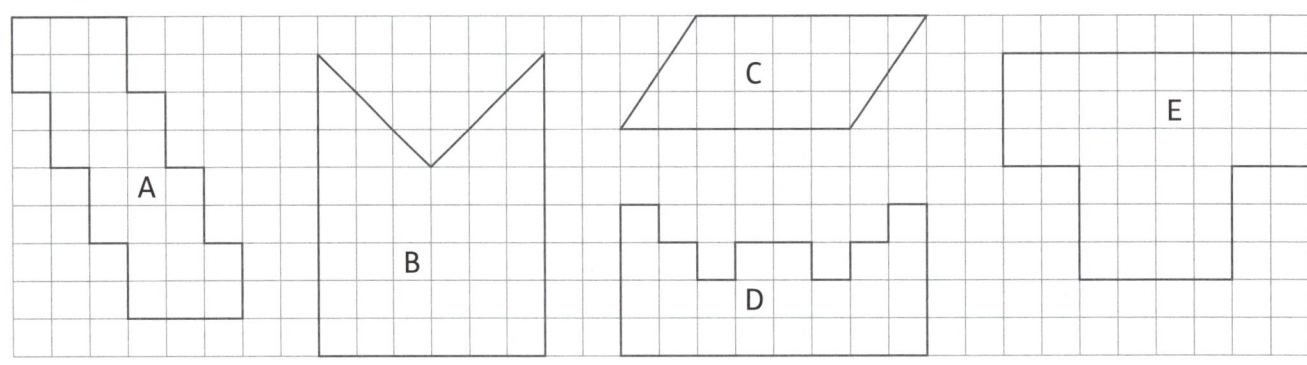

2 Wie groß ist der Flächeninhalt der Figuren?

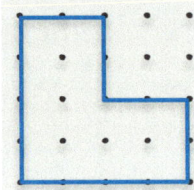 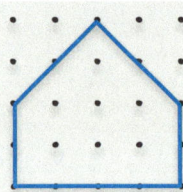 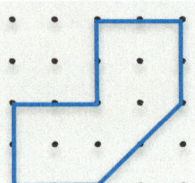 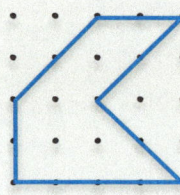

_____    _____ _____   _____ _____   _____

3 Spanne verschiedene Figuren mit dem Flächeninhalt 8 Quadrate. Zeichne sie.

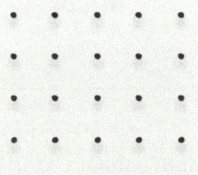   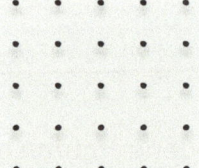   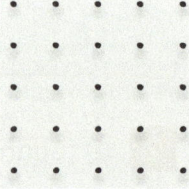

4

Der Flächeninhalt beträgt 9 Quadrate.

Flächeninhalt bestimmen:

Figur auf dem Geobrett spannen.
Der Partner bestimmt den
Flächeninhalt.

Gespielt mit: _____

Flächeninhalt bestimmen.

Flächeninhalt

1 Beim Fliesenleger Herrn Müller sind Raumskizzen und Berechnungen für die Flächen der Räume durcheinander geraten.

> Punktrechnung geht vor Strichrechnung.

a) Verbinde die Berechnungen mit den passenden Skizzen.

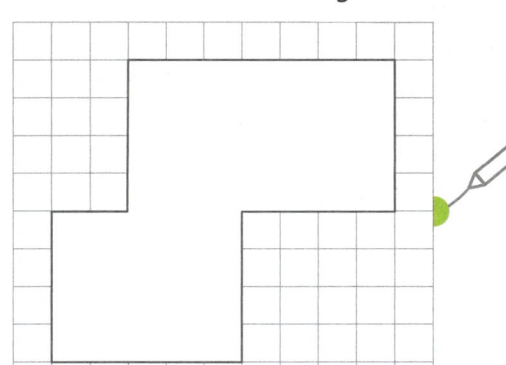

$6 \cdot 8 - 3 \cdot 2$

$4 \cdot 9 + 4 \cdot 4$

$5 \cdot 10 - 2 \cdot 3$

$6 \cdot 8 - 2 - 6$

$4 \cdot 7 + 4 \cdot 5$

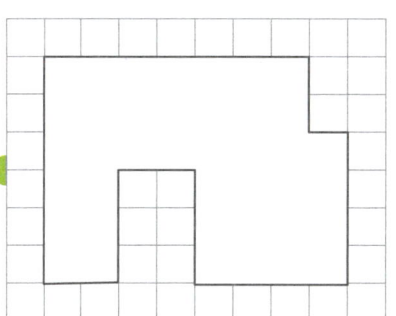

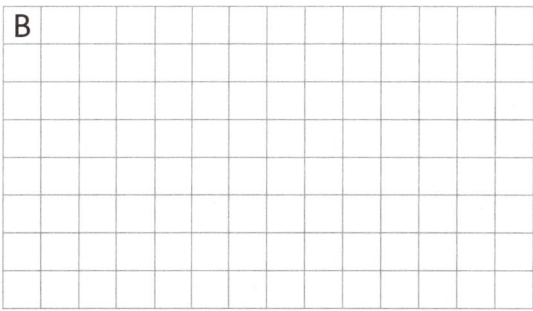

b) Zu einer Rechnung fehlt die Skizze. Wie könnte der dazugehörige Raum aussehen? Zeichne 4 verschiedene Möglichkeiten.

A

B

C

D

c) Dein Partner kontrolliert und berechnet die Flächeninhalte.

Flächeninhalt in Sachsituationen nutzen und berechnen.

Muster

○ **1** Setze fort. ✏️

a)

b)

c)

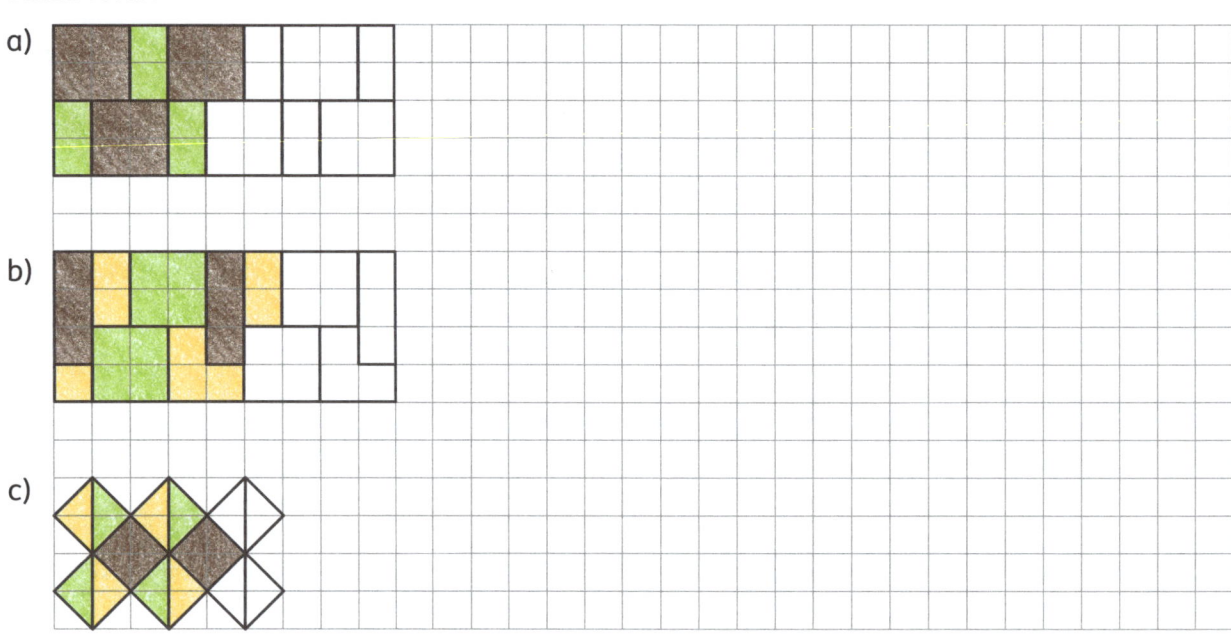

● **2** Repariere die Muster. Welches Teil passt? Ein Puzzleteil fehlt. Zeichne es ein. ✏️

A

B

C

D

E

Muster erkennen, fortsetzen und reparieren.
🌸 Wie bist du bei der Zuordnung vorgegangen?

Das nächste schmale Rechteck zeichne
ich in grün. Dann ...
Ich suche nach dem Puzzleteil, das oben ...

Muster

Parkettieren

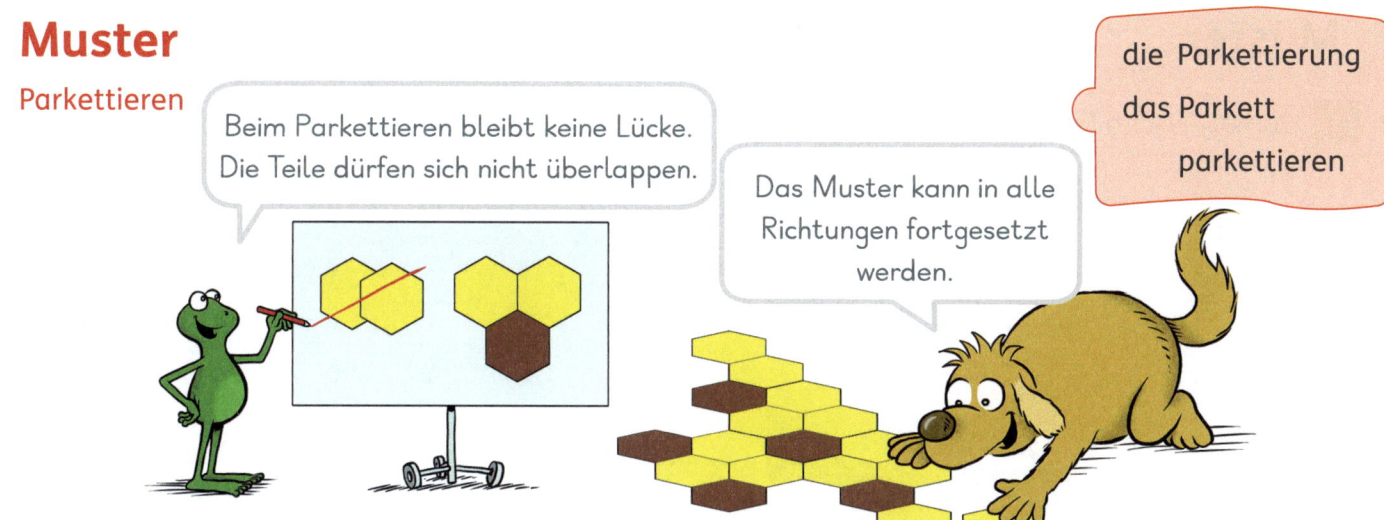

○ **1** Parkettiere.

a)
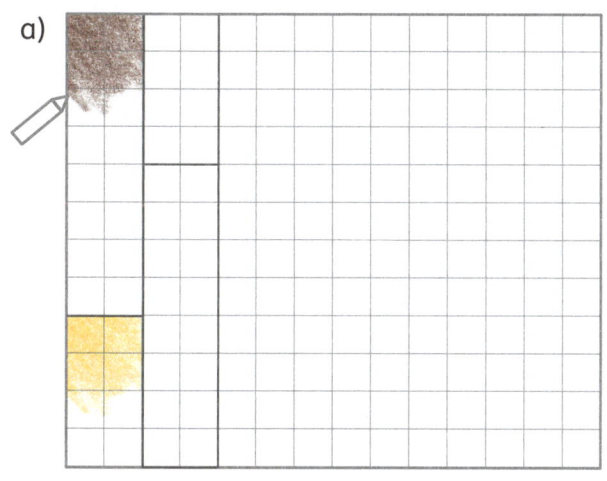

b)
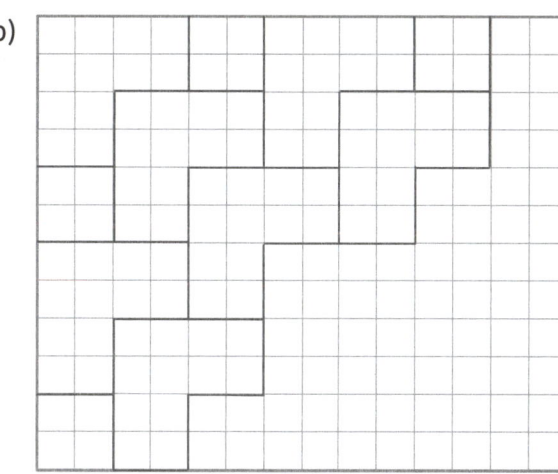

c)
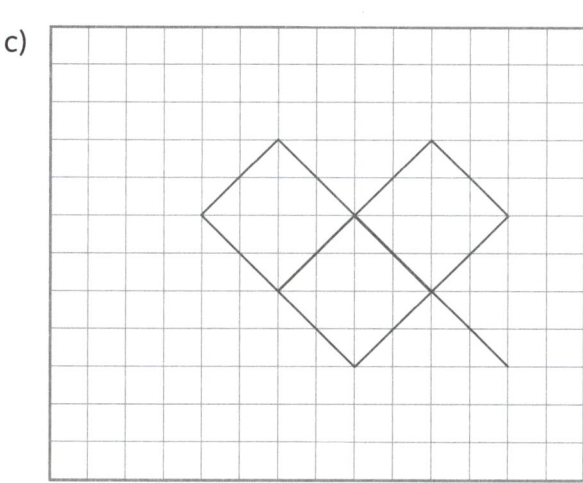

d)
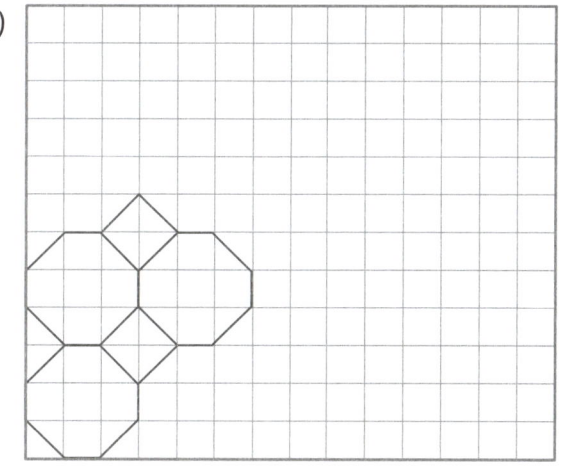

e) Zeichne ein eigenes Parkett.

○ **2** Zeichne Parkette aus den abgebildeten Teilen.

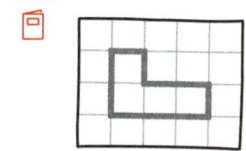
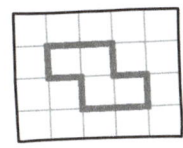
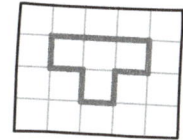

In verschiedene Richtungen parkettieren.

Die Parkettierung besteht aus braunen und gelben Rechtecken. Ich kann sie in alle Richtungen fortsetzen.

31

Muster

1 Parkettiere im Punktraster.

a)

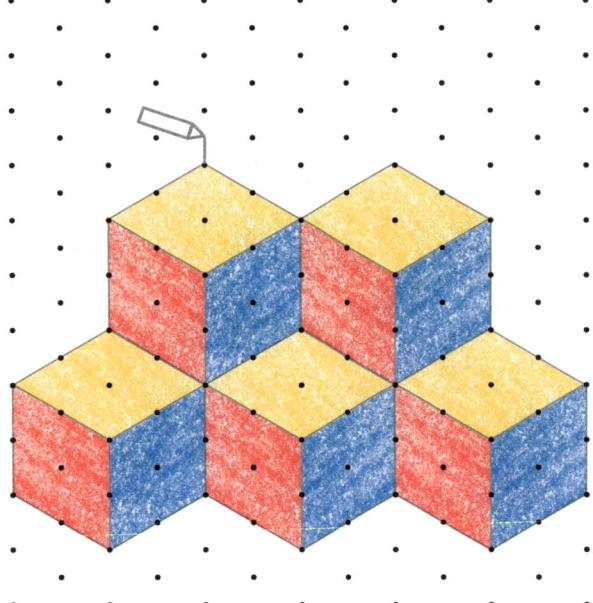

b)

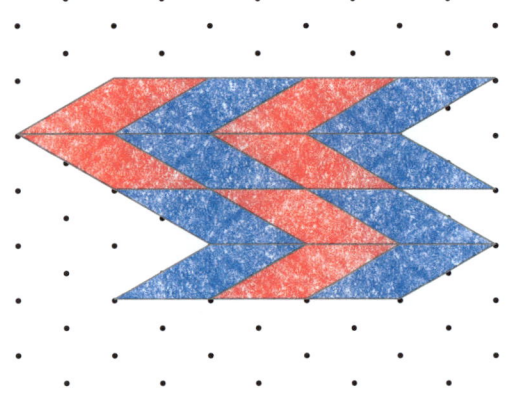

c)

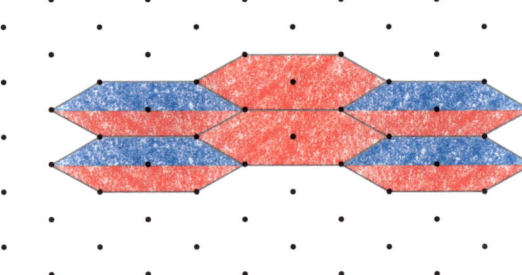

d) Zeichne eine eigene Parkettierung.

Im Punktraster parkettieren.

32

Symmetrie

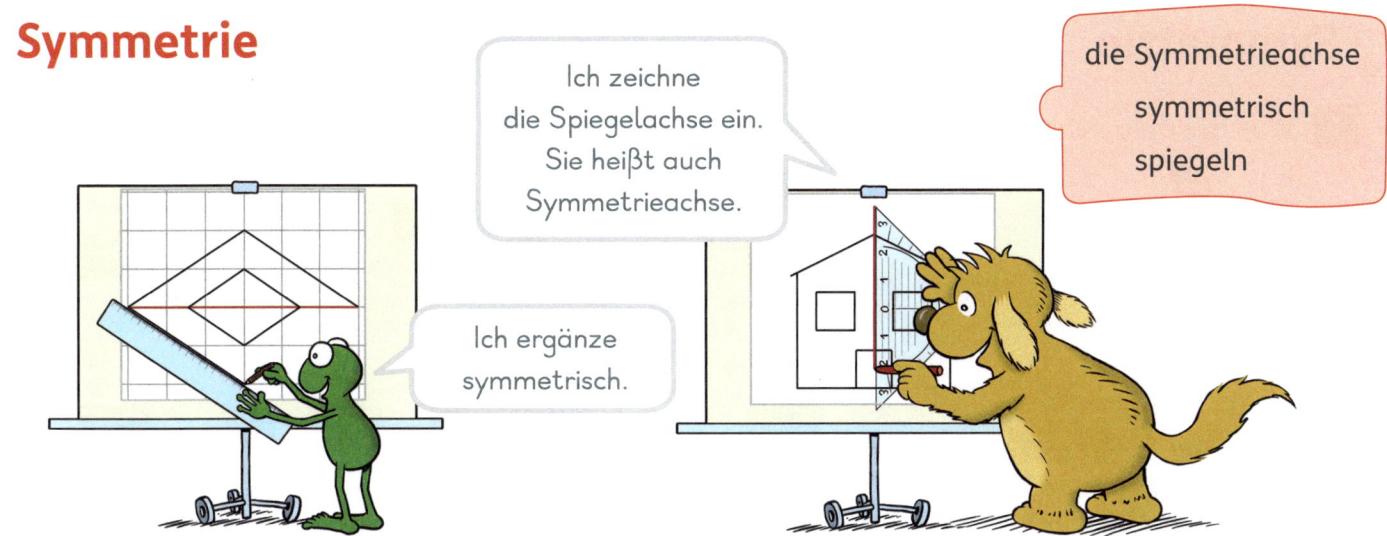

1 Ergänze symmetrisch und kontrolliere mit einem Spiegel.

a)

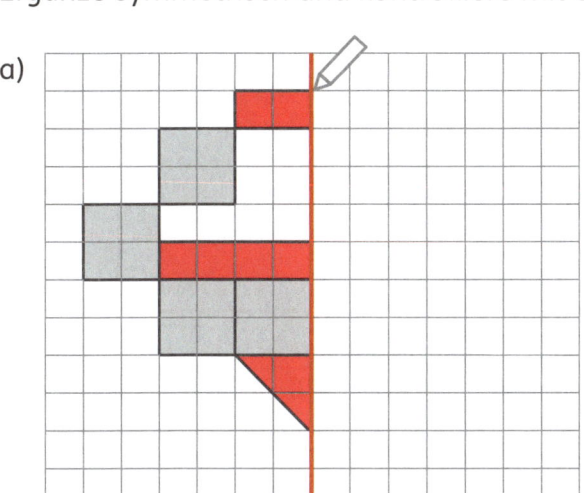

b)

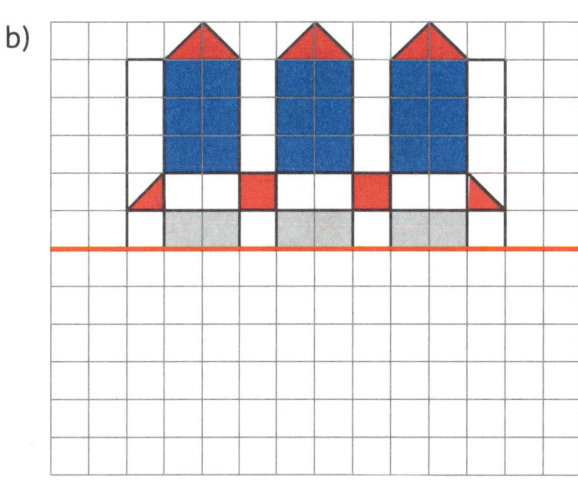

c)

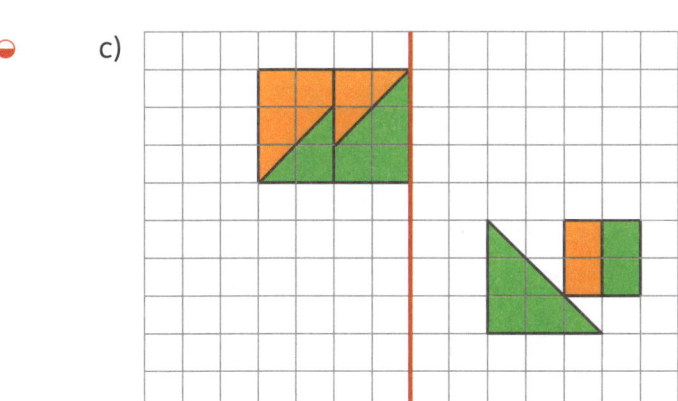

d)

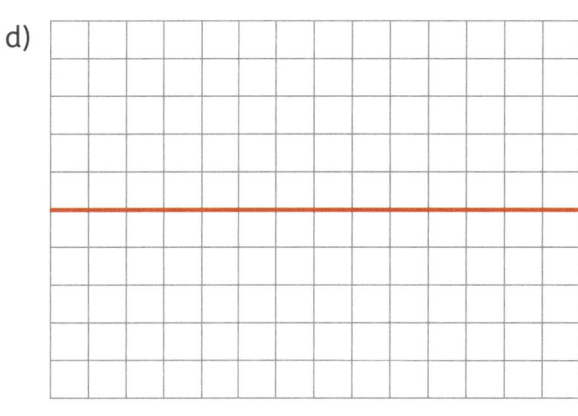

2 Zeichne die Symmetrieachsen ein und kontrolliere mit einem Spiegel.

Spiegelbilder zeichnen und mit einem Spiegel prüfen.
Symmetrieachsen einzeichnen und mit
einem Spiegel prüfen.

Die Figur hat ... Symmetrieachsen.

33

Symmetrie

1 Welches Spiegelbild passt? Zeichne jeweils die Symmetrieachse ein.

A 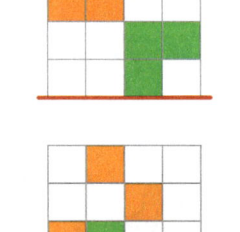   B 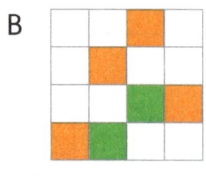   C 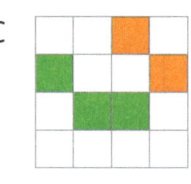   D

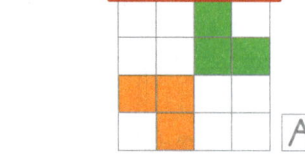    A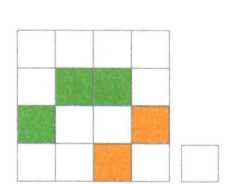

2 Ergänze symmetrisch und kontrolliere mit einem Spiegel.

a)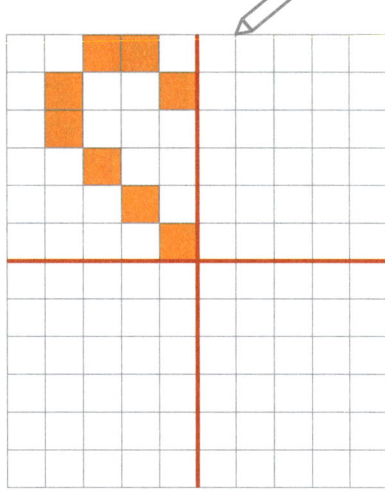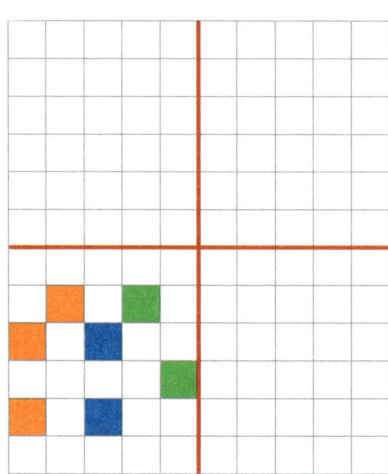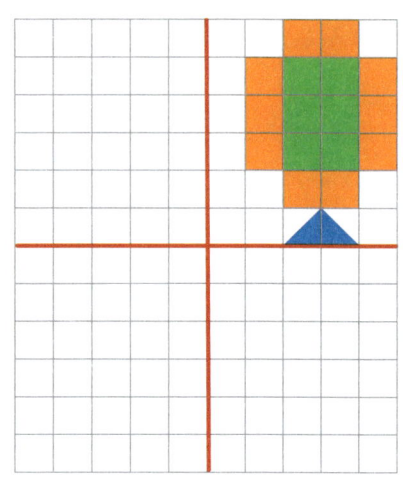

b)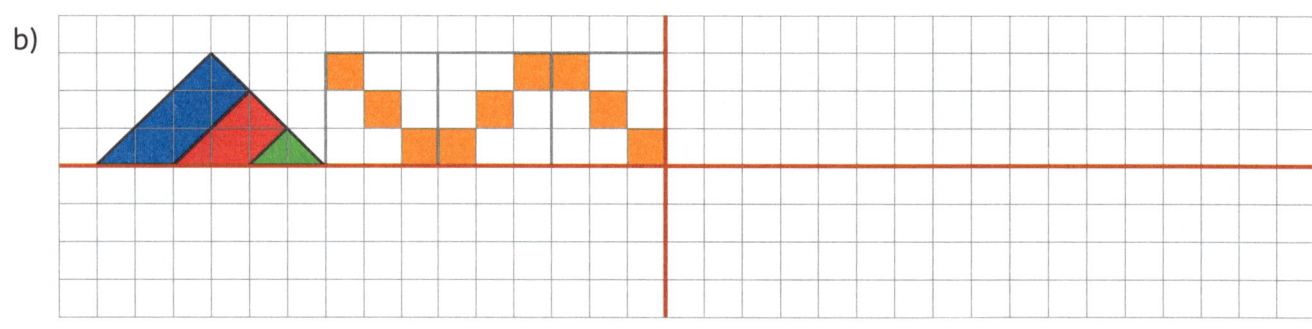

c)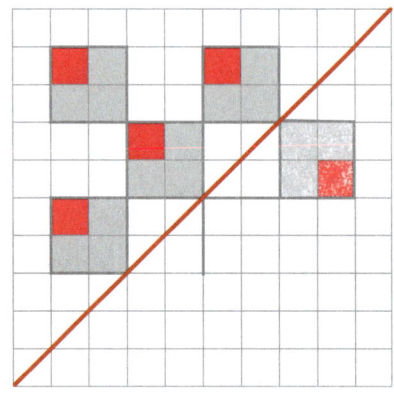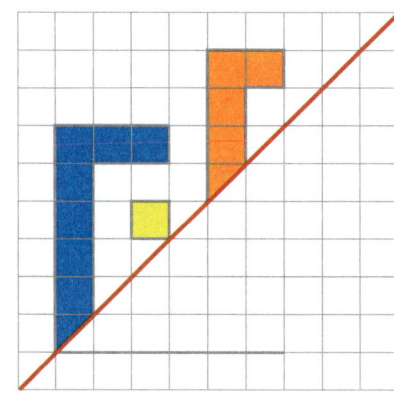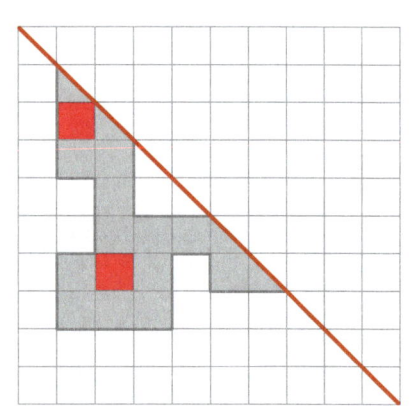

Spiegelbilder zuordnen und Symmetrieachsen einzeichnen.
Spiegelbilder zeichnen und prüfen.
Wie spiegelst du an 2 Spiegelachsen?

Das Spiegelbild passt zu ..., weil ...

Symmetrie

Geobrett

1 Spanne nach und spiegle. Zeichne jeweils das Spiegelbild.

A 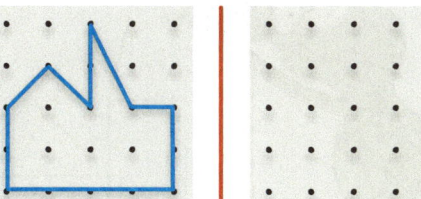   C 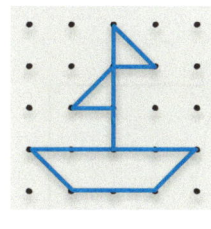   D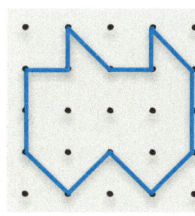

B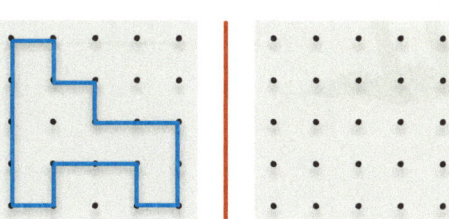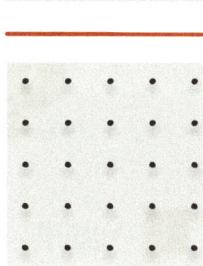

2 Spanne nach und spiegle. Zeichne das Spiegelbild.

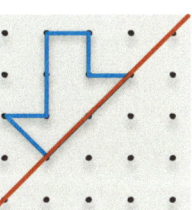   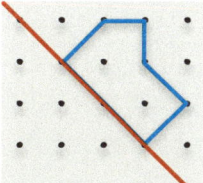   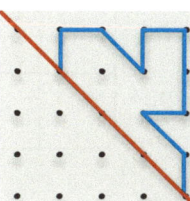

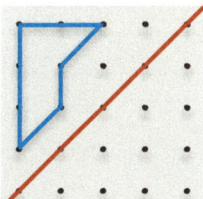   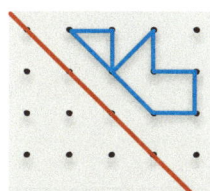   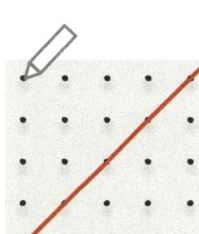   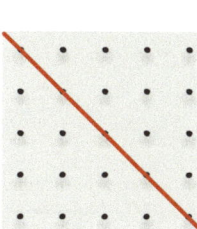

3 Spanne eigene Figuren. Dein Partner spiegelt sie.

bearbeitet mit: _____

4 Finde insgesamt 4 Fehler in den Spiegelbildern. Kreise die Fehler ein.

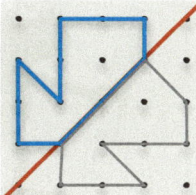   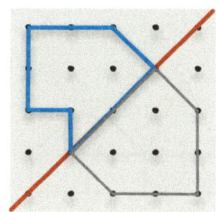   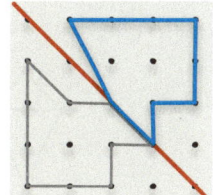   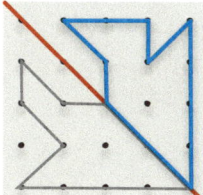

Vorgegebene und eigene Figuren auf dem Geobrett spannen und dann spiegeln.

Ich spanne auf dem Geobrett ein … Danach spiegle ich an der Symmetrieachse.

35

Vergrößern und verkleinern

Ich vergrößere:
Für eine Kästchenlänge (KL),
zeichne ich hier 2.

1 Vergrößere die Figuren wie Mini.

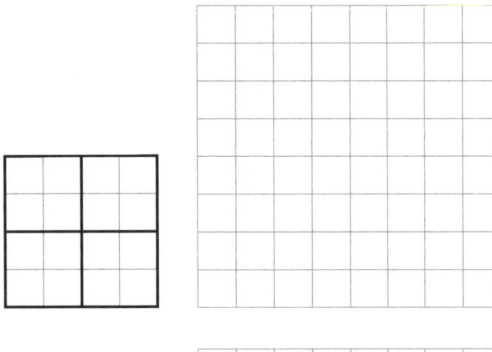

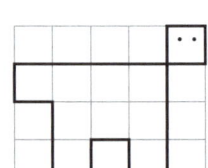

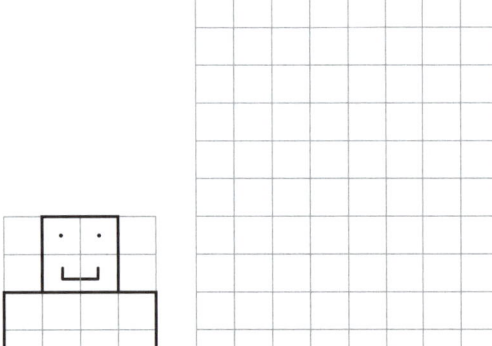

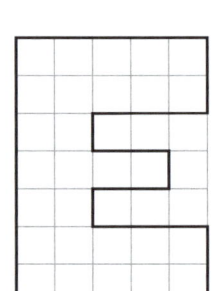

2 Vergrößere die Figuren. Zeichne für eine KL hier 3 KL im Heft.

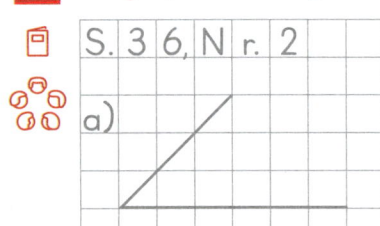

a)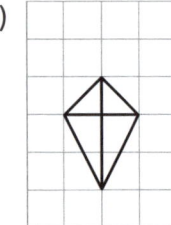

b)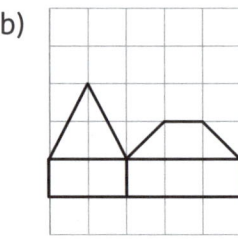

c)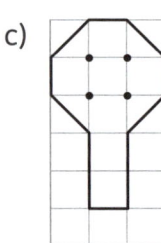

Figuren im Karoraster vergrößern.
❀ Wie kannst du die Figuren
mit schrägen Linien vergrößern?

Beim Vergrößern zeichne ich für eine
Kästchenlänge ... Kästchenlängen.

Vergrößern und verkleinern

Jetzt zeichnest du zuerst und ich verkleinere. Für 2 von deinen KL, zeichne ich eine.

1 Verkleinere die Figuren wie Max.

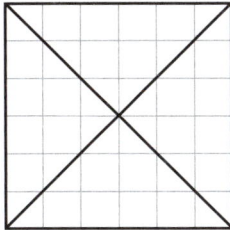 

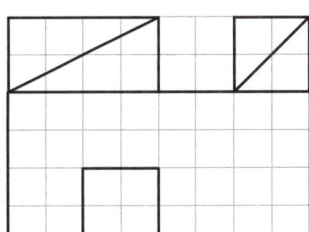 

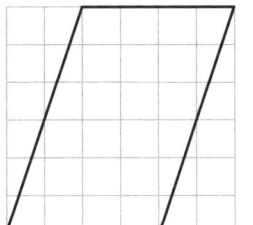

 2 Verkleinere die Figuren. Zeichne für 3 KL hier eine KL im Heft.

a)
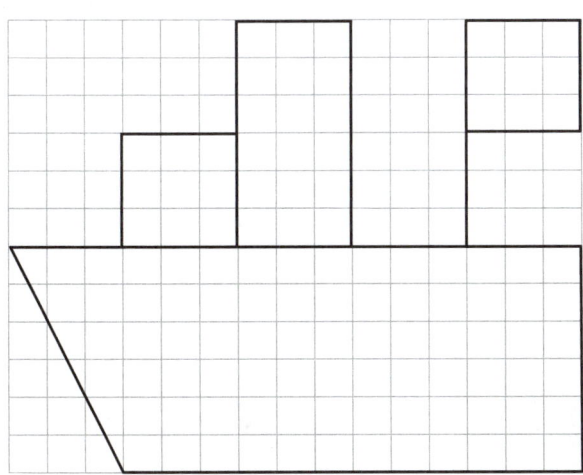

b)
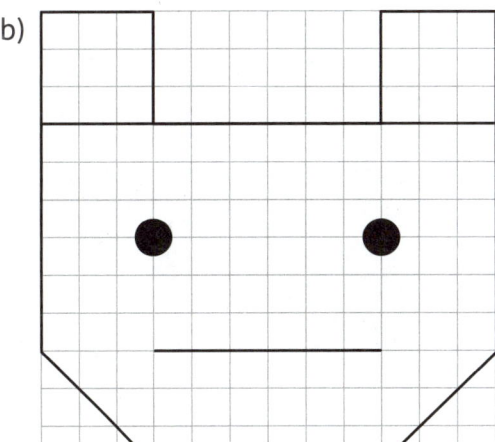

Figuren im Karoraster verkleinern.

Beim Verkleinern zeichne ich für 2 Kästchenlängen ... Kästchenlänge.

Vergrößern und verkleinern

Maßstab

der Maßstab

das Bild

das Original

Ich vergrößere im Maßstab zwei zu eins.

A   B

0   1   2   3   4

! Vergrößern im **Maßstab 2 : 1** heißt:

2 cm im Bild entsprechen

1 cm im Original.

1 Vergrößere im Maßstab 2 : 1. Zeichne bei a) jeweils das Bild.

a) _4_ cm im Bild entsprechen 2 cm im Original.

___ cm im Bild entsprechen 4 cm im Original.

___ cm im Bild entsprechen 3 cm im Original.

___ cm im Bild entsprechen 1 cm im Original.

b) 10 cm im Bild entsprechen _____ cm im Original.

14 cm im Bild entsprechen _____ cm im Original.

28 cm im Bild entsprechen _____ cm im Original.

8 m im Bild entsprechen _____ m im Original.

2 Diese Tiere sind im Maßstab 3 : 1 vergrößert. Wie groß sind sie in Wirklichkeit?

Marienkäfer	Libelle	Hundertfüßler
Bild: _3_ cm	Bild: ____ cm	Bild: ____ cm
Original: ____ cm	Original: ____ cm	Original: ____ cm

Sprech- und Schreibweise vom Maßstab (Vergrößern) kennenlernen.
MK Informationsauswertung **2**

Ich weiß, dass ... im Bild ... im Original entsprechen.

Vergrößern und verkleinern

Maßstab

Ich verkleinere im Maßstab eins zu fünf.

! Verkleinern im **Maßstab 1 : 5** heißt:

1 cm im Bild entsprechen

5 cm im Original.

1 Verkleinere im Maßstab 1 : 5. Zeichne bei a) jeweils das Bild.

a) _1_ cm im Bild entsprechen 5 cm im Original.

__ cm im Bild entsprechen 10 cm im Original.

__ cm im Bild entsprechen 20 cm im Original.

__ cm im Bild entsprechen 15 cm im Original.

b) 10 cm im Bild entsprechen ____ cm im Original.

24 cm im Bild entsprechen ____ cm im Original.

30 m im Bild entsprechen ____ m im Original.

50 m im Bild entsprechen ____ m im Original.

2 Diese Tiere sind im Maßstab 1 : 20 verkleinert. Wie groß sind sie in Wirklichkeit?

Silbermöwe	Mischlingshund	Pferd
Bild: ____ cm	Bild: ____ cm	Bild: ____ cm
Original: ____ cm	Original: ____ cm	Original: ____ cm

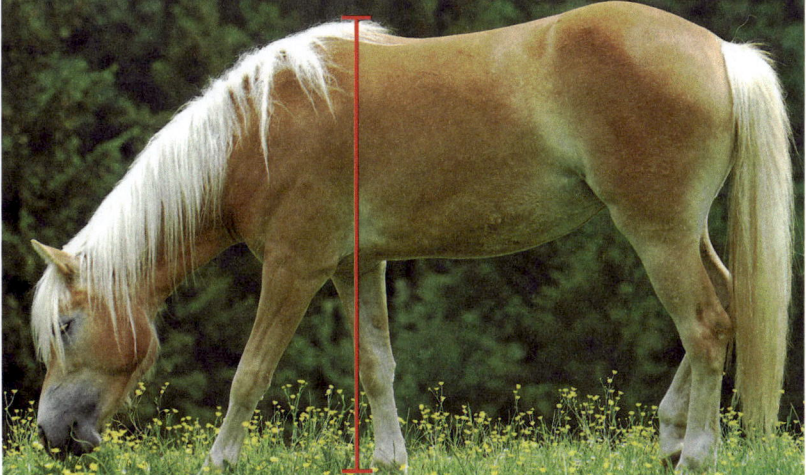

Sprech- und Schreibweise vom Maßstab (Verkleinern) kennenlernen.
MK Informationsauswertung **2**

Ich weiß, dass ... im Bild ... im Original entsprechen.

Unsere Fachsprache

Körper und Flächen

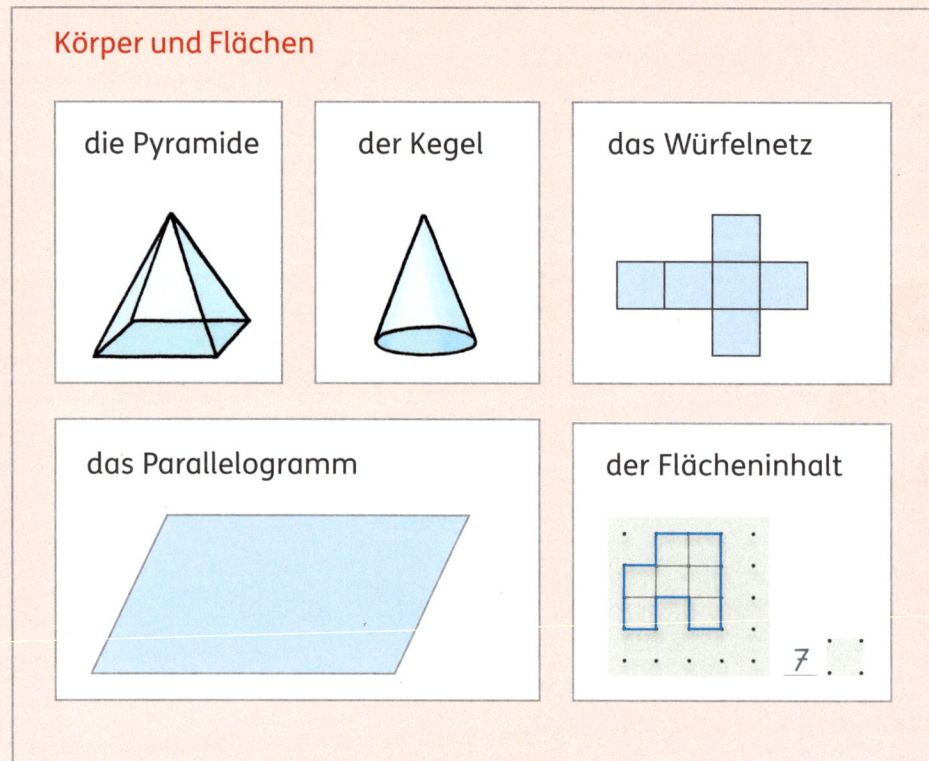

die Pyramide

der Kegel

das Würfelnetz

das Parallelogramm

der Flächeninhalt

Wegeplan

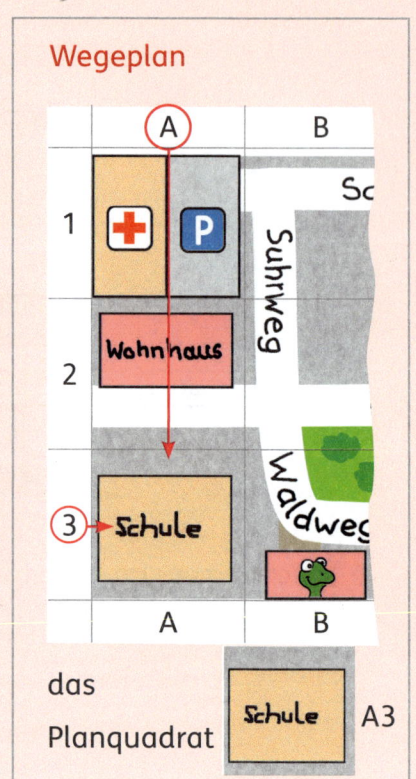

das Planquadrat

Schule A3

Geraden und Strecken

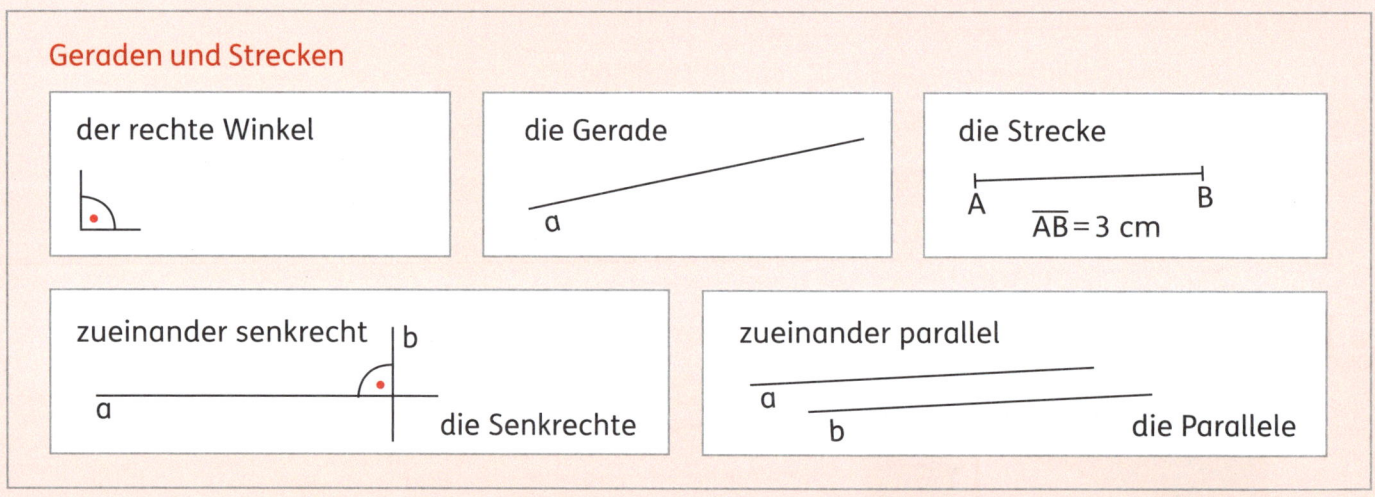

der rechte Winkel

die Gerade

a

die Strecke

A $\overline{AB}$ = 3 cm B

zueinander senkrecht

b

a

die Senkrechte

zueinander parallel

a

b

die Parallele

Symmetrie

die Symmetrieachse

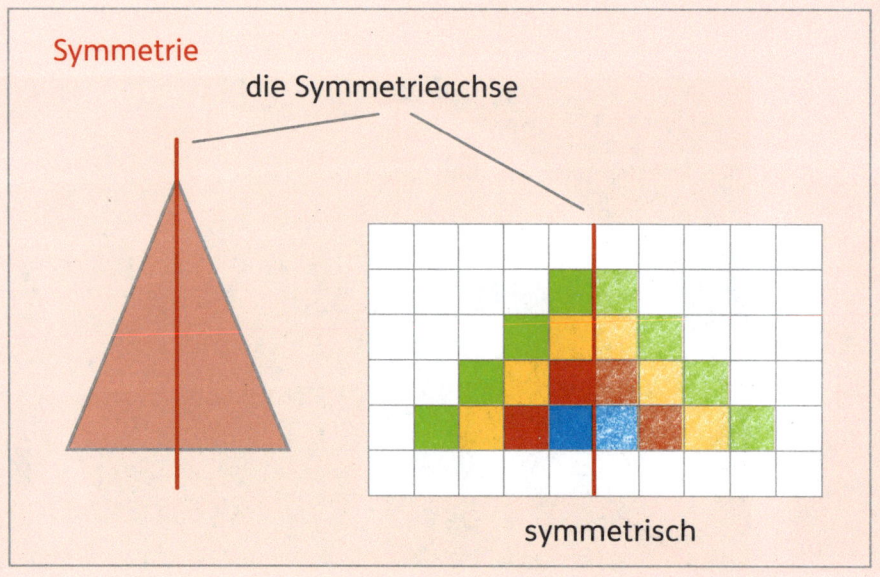

symmetrisch

Vergrößern und verkleinern

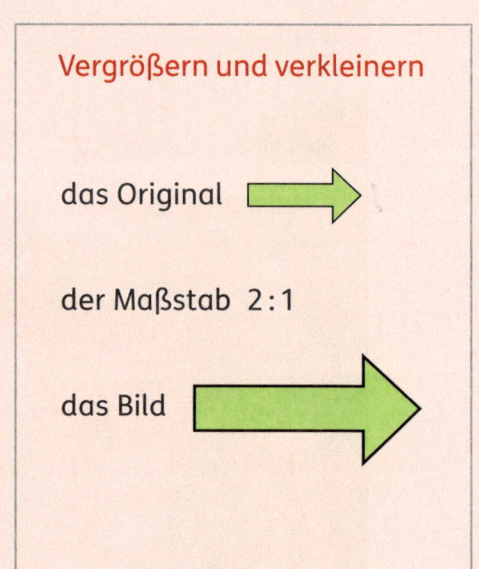

das Original

der Maßstab 2 : 1

das Bild